百科通识文库书目

古代亚述简史

"垮掉派"简论

混沌理论

气候变化

当代小说

地球系统科学

优生学简论

哈布斯堡帝国简史

好莱坞简史

莎士比亚喜剧简论

莎士比亚悲剧简论

天气简述

百科通识
文库

菲莉帕·莱文 著

钱文峰 张硕 译

优生学简论

外语教学与研究出版社
北京

京权图字：01-2020-7242

图书在版编目 (CIP) 数据

优生学简论／（英）菲莉帕·莱文（Philippa Levine）著；钱文峰，张硕译. -- 北京：外语教学与研究出版社，2021.3
（百科通识文库）
ISBN 978-7-5213-2435-8

Ⅰ．①优… Ⅱ．①菲… ②钱… ③张… Ⅲ．①优生学－通俗读物
Ⅳ．①Q987-49

中国版本图书馆 CIP 数据核字 (2021) 第 049514 号

出 版 人　徐建忠
项目负责　姚　虹　周渝毅
责任编辑　李　鑫
责任校对　李旭洁
封面设计　泽　丹　覃一彪
版式设计　锋尚设计
出版发行　外语教学与研究出版社
社　　址　北京市西三环北路 19 号（100089）
网　　址　http://www.fltrp.com
印　　刷　紫恒印装有限公司
开　　本　889×1194　1/32
印　　张　7
版　　次　2021 年 4 月第 1 版　2021 年 4 月第 1 次印刷
书　　号　ISBN 978-7-5213-2435-8
定　　价　30.00 元

购书咨询：（010）88819926　电子邮箱：club@fltrp.com
外研书店：https://waiyants.tmall.com
凡印刷、装订质量问题，请联系我社印制部
联系电话：（010）61207896　电子邮箱：zhijian@fltrp.com
凡侵权、盗版书籍线索，请联系我社法律事务部
举报电话：（010）88817519　电子邮箱：banquan@fltrp.com
物料号：324350001

记载人类文明
沟通世界文化
www.fltrp.com

目 录

图 目

序　言

养育一个聪明、健康、强壮的宝宝，大概是所有父母天然的心愿和期待。如果说在人类历史的绝大多数时候这仅仅只是个美好的愿望的话，到了19世纪末，伴随着达尔文进化理论和孟德尔遗传理论的出现，不少人开始觉得，也许能够通过科学手段实现这个愿望。他们设想，如果能够通过某种方法识别出人群中携带"优势基因"的个体，鼓励他们多多生育，然后限制那些携带"劣势基因"的人生儿育女，甚至是对他们实施绝育，几代下来，人群的平均素质不就能得到提高？而构建一个人人聪明、健康、强壮的世界似乎也是触手可及的事情了。

这就是所谓的"优生学"的概念。在学术领域里，"优生学"这个名词特指英国统计学家高尔顿在19世纪末提出、曾经在20世纪上半叶世界各国非常流行的一种学术理论，也就是利用遗传学原理干预人类世界的生育过程，从而降低人类遗传缺陷的发生率、提高人群遗传素质。而在今天的人类世界，"优生学"这个词一旦进入公众讨论范围，总是不可避免地被带上非常强烈的感情色彩。支持者会联想到门当户对的婚姻、健康强壮的宝宝、生育期内各种详尽的产前检查；而反对者会把它与20世纪初欧美各国对所谓"劣等人群"实施的强制绝育手术、二战期间纳粹德国的种族净化和种族灭绝措施联系在一起。

这是为什么呢？

我想，这里面一个最重要的原因是，在漫长的历史中，在不同人群、不同阶层、不同国家的解读中，优生学逐渐被包裹上了层层叠叠的解读和情绪，它的本来面目反而隐藏在了黑暗当中。所以我非常欣喜地看到这本由我北大的师弟、中科院遗传发育所钱文峰研究员和国科大研究生张硕翻译的《优生学简论》一书，它能在很短的篇幅内带领我们看到这门学科的缘起和发展脉络、不同人群对它的不同理解，以及它所带来的希望和制造的灾难。

我认为到了今天，特别是读完这本书后，你会赞同我的一个看法：优生学这门学问和它在世界各国的实践过程，是人类让自己变得更好这个无比美好的愿望和人类对自身科学和理性的自负，两者交织共谋的结果。

它固然有着非常正当的出发点（生育健康后代、改善人类特性），但是在真实历史上却无可避免地和各种各样的人类偏见结合在一起——种族、教育、阶层、性别、疾病。这是因为所谓优势／劣势、健康／疾病、正常／异常，在生物学上并没有客观的判断标准，而具体的实行者则一定会根据自己的情绪好恶做出盲目和主观的判断。

它固然有着看起来很科学的基础（遗传物质影响人类特性），但是在真实历史上却显然走得太快了一点。实际上一直到今天，我们都还不完全理解各种遗传变异到底如何相互作用进而决定一个复杂的人类特性的——比如智商，不是简单地把两个高智商的男女强行结合在一起就能孕育高智商的后代。与此同时，保留所谓优良基因、剔除所谓缺陷基因本身可能对人类世界也不是什么好事，纯种狗和纯血马经常出现的各种严重疾病就是很好的证明。

展望未来，伴随着生命科学的快速进步，我们对人类遗传学的理解也在变得越来越深入和具体。也许某一天，我们真的能够彻底破译人类遗传密码，掌握所有人类特性背后的遗传秘密。到那个时候，我想优生学的思想一定会重新出现，会重新有人说："看，现在我们终于可以真的利用这些科学知识，去塑造理想中的完美人类了！"这一天也许并不久远，所以我想我们每个人都应该去了解一点优生学的历史；去思考为什么一门带有良好愿望的学科会带来巨大的痛苦；去思考我们到底应不应该以某种广义上的好处——比如整个人类物种的进步——对具体的一个个人类个体施加压迫，迫使其做出选择，改变他们的人生和命运。这更是一个值得我们每个人认真面对的问题。否则，优生学创造出来的，可能会是赫胥黎笔下《美丽新世界》的图景。

王立铭

浙江大学生命科学研究院教授

北京大学科学技术与医学史系客座教授

第一章

优生学的世界

20世纪初叶，世界各国将科学与社会政策有力结合——优生学（Eugenics）孕育而生。优生学通常被定义为优化生育的科学，致力于使用遗传原理和统计原理鼓励健康生育，避免非健康生育。优生学的概念来源于科学界，然而，在整个20世纪，特别是20世纪初叶，优生学在政府政策制定方面可能发挥着比其在科学界更为重大的作用。优生学以生命科学和统计学为基础，希望通过专注于研究控制和改善人类繁衍的方法来改进人类遗传品质并减少人类痛苦。在那个国家与公民之间的关系出现根本性转换的年代，优生学这种统计概率和实验科学的奇特组合激发了社会改革家和政治家的想象力。

在20世纪初，从拉丁美洲到中东，从欧洲到美国，优生学席卷了世界各国。致力于推动优生学的研究机构获得了当时主要的慈善机构以及政府的资助。一系列关于智力、遗传性疾病、"反社会"行为、家庭生活以及计划生育[1]的研究都在优生学的背景下开始成型，这也奠定了诸多与社会福利相关的立法的基础。怀着生物学是改善人类社会的关键所在的信仰，优生学对科学与社会改革进行了整合。

从 19 世纪晚期开始，关于遗传和统计概率理论的一系列仍处于试验阶段的构想在全球范围付诸实践。优生学涉及两个不同的领域——科学和社会实践，而二者的界限随时间的推移逐渐模糊。到了 20 世纪初期，优生学已经从科研文献落实到了政策。优生学的社会影响非常广泛，医生、心理学家、社会活动家、女权主义者以及各个派别的政治家找到了共同的目标，希望利用科学发现去创造一个更美好的世界。尽管关于这个更美好世界由何组成的观点大相径庭，但推动优生学的动机通常都来源于人们让未来变得更美好的初心。与此矛盾的是，优生运动与很

---

1 本书大部分情况下"计划生育"是指通过节育或避孕进行有计划的生育，更类似于"计生用品"中"计生"的使用，不完全等同于我国 1982 确立的"计划生育"基本国策。——译注，下同

多 20 世纪最具强制性的政策密切相关。在寻求根除"坏"基因和遗传缺陷的方法时，优生学家采取了强化或粉饰现有偏见的激进方案。优生学以科学与人类进步之名为社会问题提供了生物学层面的解决方案，然而这些方案却常常踩在治疗与惩罚的分界线上。

优生学这一术语（源自希腊语，意为高质量生育）由英格兰统计学家弗朗西斯·高尔顿（Francis Galton）[1] 于 1883 年提出。高尔顿梦想通过改造人类遗传来提高人类质量，并把人类遗传改良比作动物的育种——一种曾受到他的表兄查尔斯·达尔文（Charles Darwin）[2] 关注的农业技能。高尔顿深受表兄达尔文关于遗传和进化研究的影响。为了理解遗传的奥秘，他着手繁育兔子，使用统计学方法测量人类智力，并对人类形态差异进行分类。这些迥异的研究都基于一个共同的信念：这个时代最新的科学见解可以改善人类的繁衍。到了 20 世纪的第一个十年，高尔顿的优生学思想已经在社会上流行起来。这一新兴运动首先

1　高尔顿（1822—1911），英国维多利亚时代的统计学家、人类学家、心理学家、社会学家、博物学家和热带探险家。

2　达尔文（1809—1882），英国博物学家和地质学家，进化生物学思想最重要的奠基者。他在 1859 年出版的《物种起源》的第一章中通过讨论育种为读者理解后续章节的自然选择概念进行了铺垫。

影响到的社会政策是禁止"心智缺陷者"结婚并允许对他们实施绝育的法律。紧随其后的是政府关于遗传性疾病和精神上无行为能力委员会的建立，以及国际优生学研讨会的召开。20世纪上半叶，从婚姻、育儿到犯罪，从移民到医疗保健，优生学已经深入到生活的方方面面。

优生学的科学与社会起源

早在优生学之前，遗传和人类繁衍就已成为了人们关注的主题。面对18世纪西方人口的大规模增长，英格兰学者和牧师托马斯·马尔萨斯（Thomas Malthus）[1] 曾发出警告——人类不加控制的繁衍可能带来可怕的后果，他预测这种后果将威胁到人类生存的基础，并预见到两种可以减缓人口增长的机制：限制生殖行为以降低出生率或通过战争和疾病等灾难提高死亡率。追随着马尔萨斯的思想，第一个计划生育组织于1877年在英国成立，并定名为"马尔萨斯联盟"，该联盟认为贫穷的原因是过于庞大的家庭规模。这种思想在呼吁限制家庭规模的印度改革家中广受

---

1 马尔萨斯（1766—1834），英国人口学家和经济学家，著有《人口论》（1798）。

欢迎。在 19 世纪末和 20 世纪初期，一大批新马尔萨斯组织在印度各地蓬勃发展起来。

与此同时，在 19 世纪早期人们已经对遗传现象[1]产生了浓厚的研究兴趣。19 世纪 30 年代，*heredité*（遗传）一词就已出现在了法国医学词典中。在 19 世纪初，法国博物学家让-巴蒂斯特·拉马克（Jean-Baptiste Lamarck）[2]认为，生命在环境压力下所做出的适应性行为可以由他们的后代继承。查尔斯·达尔文也曾试图寻找遗传的控制机制，但他的研究中没有显示他支持干预人类生殖。科学家们试图了解生物性状是如何从父母传给后代以及胚胎是如何发育的。在 19 世纪 60 年代，摩拉维亚的神父格雷戈尔·孟德尔（Gregor Mendel）[3]的植物实验表明，某些遗传性状是固有的，并不受到环境变化的影响。这些遗传性状受自

1　遗传现象是指生物的性状或特征从一代向下一代的传承，是后代看起来像父母的生物学原因。现已知其生物学基础是生殖细胞中带有的 DNA。

2　拉马克（1744—1829），法国博物学家，生物进化思想的奠基者之一。其理论强调用进废退与获得性遗传——这两个观念由于缺乏遗传学基础而逐渐被主流进化理论所抛弃。随着近些年表观遗传学的发展，人们认识到这些朴素的观念可能存在正确的成分。

3　孟德尔（1822—1884），现代遗传学之父。孟德尔以前的遗传学的主要理论为混合遗传，即后代表现为父母性状的平均值，且遗传物质混合后无法再分离，表现为几代之后群体内部的性状均一化。孟德尔通过豌豆杂交实验，发现了性状会在后代分离，因此推翻了之前混合遗传的理论。

然法则的支配，使其中一些遗传因子（在杂合状态下）能表现出表型（显性），而另一些则不能（隐性）。孟德尔的研究成果与高尔顿对于环境可以改变遗传因子的怀疑态度相呼应，但是他的研究工作长期以来未被翻译且基本上无法被获取[1]。直到 20 世纪初被重新发现时，孟德尔的研究成果才成为现代遗传学中最重要的组成部分。

孟德尔遗传定律等生物学的新思想使优生学在新世纪站稳了脚跟，而细胞生物学在遗传观念的转变中也发挥了重要的作用。奥古斯特·魏斯曼（August Weismann）的种质学说区分了不参与繁殖的体细胞和繁殖所必需的生殖细胞。生殖细胞所携带的遗传信息不受环境变化的影响，在向下一代传递的过程中不改变也不可能被改变，这驳斥了拉马克所持有的获得性遗传的观点[2]。作为现代 DNA 理论的先驱，魏斯曼和孟德尔的遗传学研究为优生学提供了有利的氛围：只有好的遗传信息才值得传递给后代，坏的

1　孟德尔其实与同时代的多位著名学者是有书信来往的，并寄送了相关论文的手稿。他的研究工作在当时未被重视的原因，现在科学界一般认为是由于其方法和思想过于超前。

2　种质学说总体来讲是正确的，但是其当时的主要证据——连续数代剪短小鼠的尾巴，后代小鼠仍然长出正常长度的尾巴——其实并不能否认拉马克的获得性遗传理论，因为人为剪短尾巴的情况与拉马克强调的内在动力仍有差异。

遗传信息应该被丢弃。尽管科学家仍在继续争论着遗传过程的细节，但遗传思想已经指明了优生运动前进的方向：改变可以实现，改良就是目标。人类的繁衍可以通过这一过程加以调整。

遗传规律的不同思想流派在不断交锋。孟德尔遗传学，有时被称为"硬遗传"[1]，强调了独立于环境影响的固有遗传因子，这在美国和德国成为主流思想。而拉马克的思想在拉丁语国家[2]，特别是在法国，仍然有着很强的影响。英国的遗传学研究具有强烈的孟德尔学派色彩，虽然卡尔·皮尔逊（Karl Pearson）[3]和弗兰克·韦尔登（Frank Weldon）[4]的生物统计学也在部分地区具有一定的影响力。皮尔逊和韦尔登支持通过统计来分析生物学性状在家庭成

---

1 硬遗传和软遗传都承认有遗传物质的存在。硬遗传强调遗传物质基本不可变或者以极低的速率随机突变，明确地排除任何后天经历对遗传的影响。

2 以拉丁语族（主要包括加泰罗尼亚语、法语、意大利语、葡萄牙语、罗马尼亚语、西班牙语）作为官方语言的国家，主要分布在欧洲和拉丁美洲，也有一些分布在非洲和东南亚。

3 皮尔逊（1857—1936），英国数学家和生物统计学家，建立了数理统计学科，是描述统计学派的代表人物，也是社会达尔文主义和优生学的拥护者。

4 韦尔登（1860—1906），全名为 Walter Frank Raphael Weldon，通常被叫作拉斐尔·韦尔登。他是英格兰进化生物学家和生物统计学家，与高尔顿、皮尔逊共同创建了生物统计学期刊 *Biometrika*。

员之间的相关性，他们强调观察与测量，与带有推理性质的孟德尔理论形成鲜明的对比。

优生学为诸多学科带来了影响，包括体质人类学、遗传学、精神病学、心理学以及犯罪学等。其中，双胞胎研究[1]（该方法目前仍然被用于行为遗传学研究）被用于评估犯罪倾向、智力和疾病的遗传率。高尔顿是使用双胞胎进行遗传学研究的先驱，俄罗斯的犹太裔遗传学家所罗门·列维特（Solomon Levit）在被斯大林处决之前也进行过双胞胎研究。在 20 世纪 30 年代，双胞胎研究在德国流行起来，皮肤科医生和优生学家赫尔曼·沃纳（Hermann Werner）就凭借其在双胞胎方面的研究工作而获得 1932 年诺贝尔奖的提名。优生学研究者还收集了一些家族的历史信息，开展了人体特征的测量，甚至还测量了人类遗骸的头骨和其他骨骼。研究者们编纂了家庭谱系图和遗传数据库，用来鉴定可遗传的性状并计算它们的遗传率。血型研究试图解释种族差异，而种族人类学家则研究异族通婚

---

1 该研究方法又称作双生子研究。因为同卵双胞胎的 DNA 基本一致，故可以用以分析遗传因素对某一生物学性状在人群间差异的贡献比例，即遗传率。早期的双生子研究着重于比较同卵双胞胎性状的相似性与异卵双胞胎性状的相似性。由于异卵双胞胎仅共享约 50% 的 DNA，如果同卵双胞胎比异卵双胞胎在某一性状上更相似，则提示遗传因素对这一性状的重要影响。

的遗传。精神分裂症的研究引起了众多关注，不计其数的
能力 / 智力测试将心理学和精神病学与优生学联系起来。
因此，优生学出现在当时新兴的生物医学和生物学的各个
领域中，是一种合理合法的科学追求。

虽然遗传学是优生学的理论基础，但相比而言，优生
学在社会政策领域的影响更广泛、更持久。希特勒的副手
鲁道夫·赫斯（Rudolf Hess）把优生学称为应用生物学。
与此类似，俄罗斯科学家吉洪·尤金（Tikhon Iudin）将
其称为应用科学。优生学在 20 世纪上半叶的社会影响力
大到令人难以置信，涉及了与生育相关的各个方面，影响
了福利政策、公共卫生和新的法律。优生学在 1914 年之
前就已颇具影响力，第一次世界大战（1914—1918）之后，
优生学又被视作由战争引起或暴露的诸多问题的解决方
案。这四年的毁灭性冲突被许多人视为优生学意义上的灾
难：大量年轻男子死亡或致残，性病传播率上升，酒类消
费增加，并将妇女从家庭推向职场。以恢复或扩大战前人
口水平为目标的鼓励生育运动[1]得到了蓬勃发展，因失去

1　鼓励生育主义通过社会政策促进人类的生育。Natalism 来源于拉丁语中
　　意为出生的形容词 *nātālis*。

一代年轻男子而遭受重创的国家开始提倡生育，甚至禁止生育限制措施。

优生学与社会改良

19 世纪后期的社会变化也极大地影响了人类进步的目标。旅行变得更便捷，促使越来越多的人接触到与自身不同的环境和文化。欧洲帝国主义的发展则加速了优等和劣等种族的划分。城市的发展和机械化的普及使人口更加集中，并激起人们对更广泛政治代表性的需求。国家和政府对民众的健康、教育和安全负有越来越重大的责任，这就需要对各民族进行普查和分类。随着人们识字率的上升和可支配收入的增加，大众新闻业凭借报道城市危机和下层社会行为不端的故事得以蓬勃发展。马克思·诺尔道（Max Nordau）在畅销书《堕落》（*Degeneration*，1892）中描绘了空气中弥漫着工厂的烟雾、肮脏环境持续存在的景象，反映了当时人们对西方文明的未来普遍存在的悲观态度。意大利犯罪学先驱切萨雷·龙勃罗梭（Cesare Lombroso）认为犯罪分子和精神病人中存在遗传退化的情况；而一些评论员则看到了如印度、中国以及贫穷白人社区这样的国家和地区的高出生率，由此想象到西方国家会由于未能传承其最佳遗传信息而衰微，并将逐渐被对手超越。这种反乌托邦[1]的前景很快成为优生学的一个标志性主题，其主旨是通过推动正确的生育和避免错误的生育来阻止这一衰微的趋势，甚至扭转退化的过程。

各种类型的优生学

英格兰作家哈夫洛克·埃利斯（Havelock Ellis）深信，人类未来繁荣的关键在于他所谓的"种族的良好繁育"。但良好繁育的定义各不相同，因此优生政策也可以据此大致分为"积极"和"消极"两类。二者都关注生育，积极优生学鼓励在健康的和有社会价值的人群中提高生育，而消极优生学强调防止不良生育。积极优生学旨在通过产前检查、儿童保育、税收优惠、家庭津贴和计划生育来鼓励和提高没有遗传性疾病的人群的生育，并设法改善住房、卫生和教育条件。这是大多数自由主义和激进的优生学

1　乌托邦（utopia）是指对一个理想社会的构想，反乌托邦（dystopia）是其反义语，指最可怕、最糟糕的社会前景。

家最乐意采纳的方式[1]。与之相反，一种更专制的消极优生学旨在通过监禁、绝育甚至安乐死的方式防止"不良分子"的生育。优生实践分布在从（最）积极到（最）消极的整个范围之内，因此吸引了持有截然不同观点的支持者。几乎所有这些实践（特别是具有积极优生学特征的实践）也经常得到非优生学家的支持，所以它们并不专属于优生运动。优生学家的与众不同之处在于他们相信，科学——特别是遗传学——是人类进步的关键。

人们对科学力量的普遍信任使优生学没有局限于西方国家，而是成为了一个国际性运动。事实上，优生学最有趣的特征之一就是它在全球范围内的吸引力——尽管优生学在各国有着截然不同的发展道路。在一些国家，特别是拉丁美洲、伊朗、埃及和荷兰，优生实践的重点是"育儿法"（*puériculture*[2]），这种形式通常被笼统地称为拉马克主义的积极优生学[3]。优生主义产科医生阿道夫·皮纳德（Adolphe Pinard）就称优生学为保护和改善人类的科

---

1 自由主义者强调个人自治权，支持积极优生学并不意外。激进的优生学家（例如纳粹优生学家）接受积极优生学可能是因为他们希望尝试创造更"优等"的人类——这只能通过积极优生学实践来实现。
2 法语单词，指的是照顾和抚养从出生到 3 岁的幼儿的方法。
3 被称为拉马克主义可能是因为拉马克的进化理论对环境因素的强调。

学。这种积极优生学的模式鼓励生育并注重改善环境，在拉丁语国家尤为盛行。国际拉丁优生学联合会成立于1935年，作为隶属于拉丁美洲以及南欧和东南欧的组织，与硬遗传学派的消极优生原则保持距离，强调社会卫生、公共卫生和环境改善是最好的优生途径。一些早期的苏联优生学家，如细菌学家尼古拉·加马利亚（Nikolai Gamaleia），也强调环境的重要性；在印度和埃及，优生学家对遗传学几乎没有兴趣；在那些希望限制人口总体增长的地方，例如印度和中国香港，优生学的主要关注点是节育。

在移民率较高的英语国家（如英国、加拿大和美国），优生学成为了针对种族的移民控制工具，并使心理和智力得到越来越多的关注。在这些国家以及德国，尽管优生学更倾向于遗传主义的实践，但积极和消极优生学也经常并存。许多优生学家提倡将改良和预防结合起来，这使明确区分积极与消极优生学成为不可能。瑞典为此提供了一个很好的例子：对心智缺陷者的强制绝育与一系列包括产前护理、养老金和儿童福利在内的社会福利措施共存。美国动物学家赫伯特·詹宁斯（Herbert Jennings）于1927年撰写文章赞成对缺陷基因的遗传进行抑制，但也建议"与

环境因素的抗争必须继续下去"。对于许多人而言，同时
支持消极与积极的优生措施并不矛盾。

国家归属

优生学在中欧、南欧、东欧、中东和美洲新独立的
国家中发挥了突出作用。在第一次世界大战末奥斯曼帝国
和哈布斯堡王朝[1]解体后，这些新获独立的发展中国家希
望通过优生学改善人口健康状况以提高其国际地位。例
如，捷克斯洛伐克、匈牙利和罗马尼亚的医生与科学家因
他们的国家被西方世界视为落后和不卫生的而感到不安，
因此积极推动优生议程。创建一个生物学意义上的健康国
家不但对希望改善人类健康状况的科学家与医生有吸引
力，也对热衷于巩固其权力的政治家具有吸引力。同时，
主要的帝国主义国家在优生学中看到了一种保持其全球地
位、维护其遗传优势并能控制繁育的手段。西班牙的优生
学家就将帝国的衰落与全球影响的减弱归因于遗传上的

---

1 奥斯曼帝国由土耳其人建立，鼎盛时期曾横跨欧亚非三大洲，一战战败
后分裂。哈布斯堡王朝是欧洲历史上最具影响力的王室之一，1867 年后
统治奥匈帝国，一战战败后解体。

退化。

那些与周围人群不一致的人——不论是在行为或种族上，还是在疾病和缺陷方面——都成为了优生学要解决的问题。然而，这种不一致在很多情况下是通过阶级、种族或族裔身份以及性别来定义的。在战后的新国家以及多民族的国家中，优生学对少数族裔产生了深远影响。东欧和中欧的一些少数族裔操纵了优生学，使其为他们自身的利益服务，但是优生措施在为狭隘的生活方式背书，这在希特勒的雅利安人[1]优越性的观点中达到极致。

优生学与纳粹主义

一种常见的误解是将纳粹主义与优生学混为一谈，认为希特勒政权的行为是优生学的终极表现形式。虽然纳粹确实利用了优生学来推进他们的目标，但他们的行为，尤

1　雅利安人原指印度-伊朗人。由于 19 世纪西方学者的误解，产生了种族主义的观念——北欧金发碧眼的雅利安人征服了世界各地并建立了所有主要文明，因与当地居民的种族混合而被从遗传上稀释。该思想影响了纳粹的种族意识形态：德国人是血统最纯正的雅利安人，因此是优等民族。根据目前的知识，所有现代人都来源于 10 万年前左右的第二次"走出非洲"（尽管与第一次"走出非洲"的古人类曾发生过一定程度的"基因交流"）。

其是战时的行为，远超出了优生学的范畴，（因此）一些非纳粹优生学家也急于和纳粹撇清关系。此外，德国对优生学的兴趣早在希特勒上台之前就已经出现。20世纪初期，德国遗传学和优生学研究在国际科学界享有很高的地位，且资金充足、设施完备，其研究具有很高的创新性。德国的医生、精神病学家、生物学家和人类学家研究了遗传性疾病，汇总了死亡率统计数据，并倡导改善公共卫生的运动。在第一次世界大战和第三帝国之间的魏玛时代[1]，旨在提高分娩成功率、改善儿童健康以及预防疾病的福利主义政策得到蓬勃发展。因此，德国优生学研究是公认的、合法的、与国际接轨的科学研究派系。在第一次世界大战之前和之后，德美两国的优生学家都有着密切的接触，他们访问彼此的机构并翻译彼此的著作。德国优生学的支持者羡慕在美国业已通过的优生法，并希望它们也能在德国实施。

德国优生学中的保守派专注于种族（德文 *Rassen-kunde*），而这才是希特勒统治迫切追求的元素。早在

---

1 魏玛共和国于1918年德国十一月革命后成立，改君主立宪制为共和国制，因第三帝国（1933—1945年由希特勒所统治的纳粹德国）的建立而结束。

20世纪20年代，种族人类学（对种族进行分类的科学）就已成为德国科学课程的一部分。当希特勒于1933年掌权时，他迅速制定了旨在"净化"德国人口的种族优生法——鼓励他所偏好的人种进行生育，阻止非雅利安人之间的生育。1934年德国首次出台了强制绝育法，针对的是包括长期酗酒者在内的被认为患有遗传性疾病的人。第二年，希特勒禁止了德国犹太人和非犹太人之间以及遗传上"优等"人和"劣等"人之间的性行为和婚姻。虽然纳粹德国比其他地方更广泛地使用这些强制性措施，但这些法律绝不是纳粹德国独有的。相反，在世界上很多国家都可以找到限制性婚姻法——到1935年，强制绝育在斯堪的纳维亚各国¹和美国的许多州都已是家常便饭。

优生学在第二次世界大战时期依然影响着纳粹德国的社会政策和科学研究，但战时在集中营囚犯身上开展的大多数实验都没有什么优生学价值。优生学研究在战时确实仍在继续，具有代表性的是约瑟夫·门格勒（Joseph

---

1　在地理上包括挪威、瑞典和芬兰北端的一小部分，在文化政治上一般指挪威、瑞典、芬兰、丹麦、冰岛和法罗群岛。

Mengele）在奥斯威辛集中营[1]的双胞胎研究以及关于犹
太人的人类学研究。波兰犹太人区塔尔努夫的 106 个犹太
家庭（1942 年）以及维也纳一个体育场内被监禁的 440
名犹太人（1939 年）在被驱赶进入集中营之前由研究人
员测量了相关的人体数据，并被拍照和分类。然而这些
并非战时科学研究的重点。纳粹主义并不仅仅依赖于带
有专制色彩的消极优生学，也通过婚姻贷款（1933 年）、
退税（1934 年）和子女津贴（1936 年）等大量积极优生
学措施鼓励雅利安人繁育。1935 年，海因里希·希姆莱
（Heinrich Himmler）启动了"生命之源"人种繁育计划
（*Lebensborn*）[2]，为怀有"纯种"雅利安后裔的孕妇提供
一处周全的分娩场所，作为产后将孩子上交给国家抚
养的回报。在这项计划中，超过一半的参与者是未婚
女子。

1　奥斯威辛集中营位于波兰，是纳粹"犹太问题的最终解决方案"的主要
　　场所。在送往奥斯威辛集中营的 130 万人中，约有 110 万人死亡，包括
　　96 万犹太人（其中绝大多数在抵达时即被毒死）。
2　"生命之源"人种繁育计划是一个为国家创造"优秀"人种的计划，以
　　最终实现雅利安人对全世界的统治。该计划为符合种族标准的女性建立
　　了隐秘的产院，通过提供优质的产前服务以达到提高国家"优等"人口
　　出生率的目的。一些由于未婚先孕而被家庭抛弃的，或受到宣传鼓励自
　　愿为国家生育的未婚女子则被该计划所利用。

图 1. 这幅 1936 年的海报是德意志帝国宣传办公室的典型产品，声称国家负担一个遗传性疾病患者（左图）每天生活的费用足够支撑一个健康的德国五口之家（右图）了。[1]

从改善人类的初心转变为创造统治种族，纳粹科学迅速进入显而易见的非优生领域。尽管优生主义的思想本可以作为这一激进愿景的补充而发挥作用，然而德国科学家与纳粹政府却签订了"浮士德式交易"[2]——纳粹政府允许科学家们开展遗传学和优生科学研究，只要他们的研究成果能满足统治者的目标。

1　图中还隐含了对国家与公民关系的定义。图中 RM 为德国 1924—1948 年间流通货币帝国马克 *Reichsmark* 的缩写。1940 年的 1 马克约等于今天 40 元人民币。

2　又称"魔鬼契约"或"魔鬼交易"，意为为魔鬼的恩惠而出卖了自己的灵魂。

第一章
优生学的世界 21

谁是优生学家?

优生组织的成员在知识分子和中产阶级白领中比例最高。尽管优生学在持有各种政治观点的人群中都具有吸引力,但它的基础坚固地扎根于受过良好教育和富裕的人群中。优生学会成员的主体由医学相关从业者、心理学家、精神病学家、科学家、律师、记者、社会工作者、教育工作者、生物学家、人类学家以及政治家构成。1901 至 1909 年间的美国总统西奥多·罗斯福(Theodore Roosevelt)和 20 世纪初的三届澳大利亚总理阿尔弗雷德·迪金(Alfred Deakin)等著名政治家都推动了优生学的发展。与世界上许多知名学者一样,同时代的斯坦福大学校长并在之后担任其名誉校长的大卫·斯塔尔·乔丹(David Starr Jordan)也是一位狂热的优生学家。美国学术期刊《遗传学》(*Genetics*)[1] 的创始编委会(1916)一致赞同优生学;许多国家的著名内科和外科医生为优生改革进行游说(无论支持的是积极优生学还是消极优生学),有

---

1 *Genetics* 是遗传学领域最经典的国际学术期刊,由美国遗传学会出版。乔治·哈里森·沙尔(George Harrison Shull)是其创始主编。

些医生甚至获得了政府的任命，并以此为契机推动与优生相关的社会计划。医生们在世界各地的优生运动中都有着卓越的表现，他们预见到优生学有机会根除疾病、减少死亡并减轻痛苦。优生学家确信，无论是通过强制性的方案（例如隔离和绝育）还是辅助性的方案（例如健康和产前护理），诸如结核、梅毒等疾病以及诸如癫痫、精神分裂症和酗酒等健康问题都会在优生措施下得到改善。

从纳粹德国高度特化的法西斯主义优生学到苏联早期的布尔什维克[1]优生学——一项以科学为基础的人类改良计划，优生学家的政治观点包罗万象。尽管斯大林在20世纪30年代对优生学的否定遏制了俄罗斯优生学的发展，但优生学在世界各地一直同时吸引着保守派和社会主义者：保守派追求维持和巩固现状，而对社会主义者来说，优生学可以创造一个没有贫困与疾病的更加光明、公平的未来。在英国和斯堪的纳维亚各国，除了社会主义者和保守派，女权主义活动家也加入了优生学组织。在瑞典，颇具影响力的社会民主党人阿尔瓦（Alva）和贡纳尔·默达

1　最初是俄国社会民主工党中由列宁领导的一个派别，1952 年改称苏联共产党。

尔（Gunnar Myrdal）帮助建成了斯堪的纳维亚的福利国家[1]，也致力于推动优生措施以应对瑞典在 20 世纪 30 年代的低生育率。他们为产期前后的带薪休假、儿童保育以及已婚妇女的工作权利游说，同时也支持限制不适宜人群的繁育——一个消极与积极优生学如何共存的好例子。优生思想与不断增长的由专业人士对社会进行理性管理的愿望相吻合，因此该运动还吸引了想要应聘这些社会管理职位的人。

最重要的是，优生学是一个由学术会议、议会和备受尊重的研究机构协作进而发展形成的国际运动。这些研究人员和倡导者虽然有着尖锐的意见分歧，却依然互相交换意见并分享研究发现。优生学不是少数人的兴趣，而是一种不仅可以促进科学进步，同时可以改善人类健康状况的国际主流科学。

---

1 为降低个人的经济风险和人身风险以及提高全体公民生活水平和质量，有意识地运用政治权力和组织管理能力，使社会福利达到很高水平的发达国家。

优生学、科学与文化

衡量优生学影响力的一个有力指标是它深入文化的程度。事实上，在流行的杂志文章、电影、戏剧和艺术中都可以找到优生学的身影。由被污染的遗传信息所导致的危险就是一个备受欢迎的情节。威尔基·柯林斯（Wilkie Collins）1889 年的小说《该隐的遗产》（*The Legacy of Cain*）[1] 就论及了一个女杀人犯是否会将犯罪倾向遗传给女儿的问题。在 G. 弗兰克·莱德斯顿（G. Frank Lydston）医生 1912 年的戏剧《父亲之血》（*The Blood of the Fathers*）中，一位品格高尚的医生娶了一名被一个富裕家庭领养的由杀人犯与小偷所生的女儿——"一只蝴蝶与一个严肃男人的错配"。这名女子因偷钻石而被捕，后来自杀了——这重复了她父亲的历史："她的骨头是那（父亲的）骨头，她的血液是那血液，她的大脑是那吸食鸦片并自杀的大脑！……她又有什么机会逃脱呢？"该剧不仅受到戏剧评论家的评价，而且出乎意料地得到了《美国刑

1　该隐（Cain）是《圣经》中亚当与夏娃的长子，因谋杀弟弟亚伯被耶和华流放。该隐的后代也遗传了他"恶"的品性。

法与犯罪学研究所杂志》（*Journal of the American Institute of Criminal Law and Criminology*）的关注。当然，这些关注着重于其传递出的优生学寓意而不是其戏剧品质。

　　早期的科幻小说作家借用了大量的优生学理论。H. G. 威尔斯（H. G. Wells）的许多小说中都包含了遗传退化和基因改造的主题。乌托邦和反乌托邦小说曾使用繁育作为情节线。例如，在夏洛特·帕金斯·吉尔曼（Charlotte Perkins Gilman）1915 年的小说《她乡》[1]（*Herland*）中，为了让女性有效地聚焦她们的母性情感，每个女性只允许生育一个孩子，并且禁止不健康的女性生育孩子。叶夫根尼·扎米亚京（Yevgeny Zamyatin）于 1921 年完成的俄语小说《我们》在 1924 年被翻译成英语（*We*），其主题与奥尔德斯·赫胥黎（Aldous Huxley）创作的更为著名的作品《美丽新世界》（*Brave New World*，1931）类似。在这两部小说中，繁育已经机械化，人性则服务于理性效率。当时在国际上广受赞誉（虽然现在已被遗忘）的两部小说——简·韦伯斯特（Jean Webster）的热门小说《长腿

1　《她乡》是一部女性乌托邦小说。在一个只有女性的国度，女性通过孤雌生殖的方式繁衍后代，形成了理想的社会秩序：没有战争、冲突和统治。

叔叔》(*Daddy-Long-Legs*,1912)和《亲爱的敌人》(*Dear Enemy*,1915)[1] 也涉及了优生学的主题。这两部小说在美国、日本和英国被改编为戏剧、电影和电视剧。《长腿叔叔》最初是在《妇女家庭杂志》(*Ladies' Home Journal*)上连载的,描绘了一名孤儿在为她未知的遗传出身焦虑。在续集中,这名孤儿则长大成人,阅读了关于优生学的文章,对智力测试进行了探讨,并倡导对患有癫痫、精神发育迟缓和耳聋的孤儿进行隔离。

优生学的题材也经常出现在电影中。1934 年好莱坞电影《孩子的未来》(*Tomorrow's Children*,在英国以《未出生的孩子》的电影名发行),充满同情地描绘了一名因遗传原因被法院判定禁止生育的年轻女子为繁衍后代所做的斗争[2]。(一本明确支持优生学的同名书籍则在第二年出版,作者是美国地理学家埃尔斯沃思·亨廷顿 [Ellsworth Huntington])。在无声电影时代,支持和反对优生学的电

---

1 《长腿叔叔》中,主角茱蒂(Judy)在孤儿院长大,并由一个从未谋面的被戏称为长腿叔叔的恩人送进大学。全书由 81 封茱蒂写给长腿叔叔的书信构成。《亲爱的敌人》是《长腿叔叔》的续集,故事由茱蒂的同学和最好的朋友莎莉(Sallie)所撰写的一系列书信构成。

2 这部电影讨论了天性与养育(nature vs. nurture)这一主题。爱丽丝的父母是懒惰的酗酒者,兄弟姐妹身心残疾或参与犯罪。尽管她心智正常且身体健康,但依然被告知必须绝育:因为他们家庭的不良血统必须终结。

影都很常见。一个美国优生学电影公司制作了单片《诞生》(*Birth*，1917)，随后就销声匿迹了。英国优生学会从 1924 年开始制作电影，与其美国同行的短暂命运相比，它在电影制作方面更为成功；德国在 1935 至 1937 年间由政府赞助制作了一系列电影，强调了精神发育迟缓的危害性。美国制片人伊万·艾布拉姆森(Ivan Abramson)制作了许多优生影片，其中包括《名义婚姻》(*Married in Name Only*，1917)，影片中的一对已婚夫妇在发现丈夫有精神错乱的家族史后决定不要孩子，但最后他们得知丈夫是被收养的，电影欢快落幕。1932 年，派拉蒙影业公司发行了改编自威尔斯 1896 年小说《莫罗博士的岛》(*The Island of Dr. Moreau*)[1]的电影《亡魂岛》(*The Island of Lost Souls*)。该片邀请了小说家奥尔德斯·赫胥黎的兄弟——遗传学家朱利安·赫胥黎(Julian Huxley)[2]来到片场，为该影片的科学性背书。

---

1 《莫罗博士的岛》又译为《拦截人魔岛》，小说的文字由一名漂流到莫罗博士的岛的遇险船员叙述。莫罗博士是一个疯狂的科学家，他通过活体手术在动物身上创造出人类般的混合生物。

2 朱利安·赫胥黎(1887—1975)来自著名的赫胥黎家族，是英国进化生物学家、优生主义者和国际人道主义者。他是自然选择的拥护者，并且是现代综合进化理论的领军人物之一。

优生学的词汇不仅来自科学，也来自周围的文化。虽然科学语言保证了其描述对象的正统性，并使其具有中立、学术和专业的优点，但从更广域的文化中凝练出的词汇使优生学更加亲民。有两个对优生学的常见比喻，一个是园艺，另一个是血统。政治家和科学家以园艺解释优生学的目标——除去园林中的弱者；血统的纯正和祖先血统的重要性被广泛援引。在日本，血统纯正是最核心的优生理想。大卫·斯塔尔·乔丹在 1901 年的《大众科学月刊》（*Popular Science Monthly*）的一篇文章中称血统为"种族统一的象征"。"坏血"这一概念常被用作梅毒的同义词，表达了人们对血液被污染的普遍恐惧。旨在维护种族纯正的血统保护法在东欧和中欧盛行，在纳粹时代尤为如此。1940 年，罗马尼亚人被禁止与犹太人结婚，因为新法律认为"罗马尼亚血统"带有"种族和道德因子"[1]。

谁资助了优生学？

优生学在诸多政治和文化领域中获得的广泛吸引力帮

1　疑似参考文献中的笔误。更常见的搭配是"an ethical and moral element"，意为"伦理和道德因子"。

助它吸引到了经费的支持。在福利条件不断提高的国家，公共资金对优生学的资助可能会非常慷慨。瑞典于 1922 年建立了国家种族生物学研究所，布尔什维克于 1919 年建立了国家社会卫生博物馆。在墨索里尼统治时期，从前的私人慈善机构——意大利卫生、保险和社会援助研究所——获得了国家的财政支持。1920 年，普鲁士政府成立了一个为优生问题提出专业建议的种族优生委员会。拉丁美洲国家的政府资助则展示出医疗机构不断扩大的权力以及政府解决健康和卫生条件问题的决心。

优生学的发展也离不开私人的资助。弗朗西斯·高尔顿于 1904 年为伦敦大学学院筹资建立了优生学实验室，并为其设立了国家优生学奖学金。当高尔顿于 1911 年去世时，用留下的遗产设立了一个教授职位。澳大利亚绵羊农场主亨利·图琴（Henry Twitchin）于 1930 年去世时将他的大部分财产留给了英格兰优生学会。他对畜牧育种的兴趣以及他自认为不健全的家族史促使他支持优生学，他声称优生学是"迄今为止人类所有努力中最紧迫和最重要的工作"。另外，英格兰优生学会还在 1920 年获得了印度迈索尔王公的大量捐款。

　　然而，让欧洲人羡慕的是美国优生学从富有的慈善家处得到的慷慨支持。总部位于纽约长岛的优生学档案办公室从玛丽·哈里曼（Mary Harriman，铁路大亨的遗孀）和约翰·D. 洛克菲勒（John D. Rockefeller）[1]那里获得了大量捐款。这一办公室在其历史的大部分时间都由卡内基科学研究所管理。在西海岸，以柑橘产业致富的埃兹拉·戈斯尼（Ezra Gosney）和地产开发商查尔斯·歌德（Charles Goethe）共同资助了位于加利福尼亚州的人类改良基金会；在这里，保罗·波佩诺（Paul Popenoe）推行了对不适宜人群的强制性绝育。谷物巨头约翰·哈维·凯洛格(John Harvey Kellogg)是另一位重要的优生学资助者，他在 1906 年创立了种族改良基金会。

　　美国的资金也支持了国外的优生学工作。洛克菲勒基金会于 1927 年帮助德国成立了威廉皇帝人类学、人类遗传学和优生学研究所。在整个 20 世纪 30 年代，杰出的精神病学家埃米尔·克雷普林（Emil Kraepelin）基于遗传学进行的精神疾病研究都受到了犹太-德裔美国慈善家詹

1　约翰·洛克菲勒是美国商业巨头和慈善家，也是芝加哥大学和洛克菲勒大学的创始人，与其子共同创建了洛克菲勒基金会。

姆斯·勒布（Jaines Loeb）的资助。卡内基基金会 [1] 不但资助了南非的优生学研究，而且也资助了瑞典的经济学家和优生学家贡纳尔·默达尔的很多研究工作。

优生教育

许多国家的大学都鼓励优生学的教学和研究，创建社会生物学或卫生学系，并将优生学纳入医学、生物学和社会科学课程。到 1914 年，四分之一的德国医学院开设了优生学课程；而在爱沙尼亚，医学和神学系都教授优生学课程。美国遗传学家 W. E. 卡索（W. E. Castle）1916 年出版的大学教科书《遗传学与优生学》（*Genetics and Eugenics*）在短短 15 年中再版 3 次。作为美国最大的教师组织，国家教育协会于 1921 年提出"教育工作者通过教育程序确保个体能够健康出生的责任与通过教育程序确保个体能够正常阅读的责任同等重要"。到 20 世纪 20 年代后期，超过 375 所美国大学将优生学纳入课程；许多

1　卡内基基金会（Carnegie Corporation of New York）是由安德鲁·卡内基（Andrew Carnegie）于 1911 年成立的慈善基金，用于支持美国的教育计划，后来推广到全世界。

高中也教授优生学，使用的教科书大多赞同优生学原理。社会生物学课程的开设也一直持续到 20 世纪中叶。从昆虫学转而研究性学的研究员阿尔弗雷德·金赛（Alfred Kinsey）[1] 从 1938 年开始在印第安纳大学开设了一门非常火爆的关于婚姻和家庭的生物学课程。在德国，即使在希特勒上台之前，种族优生[2] 也是大学中普遍开设的课程；1933 年后，种族科学则成为必修课。另外，主要针对女孩子的优生学道德也是课程的一部分，它既灌输了家庭价值观，也帮助预防早孕。在缅甸，从 20 世纪 20 年代开始，卫生学就成为了女子学校的必修科目。在英格兰，女孩必须接受当时被称为"育儿技艺"的各方面教育，包括儿童保育、针线活和烹饪。法国在 20 世纪 20 年代引入了针对女学生的道德课程，并且其 1939 年的《家庭法典》规定，法国学校必须教授人口问题。

宗教

优生学包罗万象，不仅包括政治观点，还包括宗教

1　金赛最著名的著作是《男性性行为》（1948 年）和《女性性行为》（1953 年）——统称为金赛报告。
2　字面意思是种族卫生，实际与卫生无关。

信仰。不同形式的优生学反映了宗教的一些纷争议题[1]，这并不意外。原教旨主义基督徒否认进化论，并认为神的旨意是无所不包的。他们与天主教徒都认为，人类对生殖的干预是对神灵的亵渎，因而极力反对优生学。其他的犹太-基督教[2]教派的感受则更为复杂；新教[3]与国家宗教在历史上的密切联系可能是新教国家更容易接受优生学的一个原因。

在第一次世界大战期间举行的一系列关于种族改良的全国性会议上，美国人约翰·哈维·凯洛格和公理会[4]牧师德怀特·希利斯（Dwight Hillis）将优生学视为一种基督教救赎。一些牧师甚至找到了实践优生原则的方法。位于芝加哥的圣公会[5]大教堂的教长沃尔特·萨姆纳（Walter Sumner）在 1912 年春天宣称，他只会为那些出示

1　此处对应的英文是 fault lines，意思为"断层线"，地质学术语，指易发生地震的区域。这里用其引申义。
2　犹太-基督教是将基督教和犹太教归为一类的术语，可能与基督教从犹太教派生而来有关，也可能因为两种宗教都使用《圣经·旧约》。
3　基督新教，源于马丁·路德、加尔文等人领导的宗教改革运动，《圣经》权威至上，主张破除罗马教皇的绝对权威。
4　基督教新教宗派之一，因主张各个堂会独立自主，由教徒公众管理，故名。
5　圣公会，又称安立甘宗，起源于英格兰及爱尔兰国王亨利八世领导的新教教派，是英格兰国教，也是新教的主要宗派之一。圣公会伴随大英帝国的崛起传入各大洲的殖民地。

健康证明（既没有传染病也没有精神或身体异常）的夫妇
主持婚礼，并因此成为新闻头条。这一举动不但获得了教
堂主教的赞赏，而且获得了多位自由派新教领袖和犹太教
改革派拉比[1]的支持。

优生主义者有时将自己的优生原则与宗教信仰相结
合。美国优生学会在"更健康家庭竞赛"颁发的奖牌中引
用了《诗篇》[2]第16篇的语句："我的产业实在美好。"俄罗
斯优生学家尼古拉·科尔佐夫（Nikolai Kol'tsov）于1921
年在俄罗斯优生学会发表致辞时构想了一个可以与主要宗
教相匹敌的优生学宗教，有这种构想的人远不止他一个，
高尔顿也曾有过这样的梦想；1905年，萧伯纳（George
Bernard Shaw）[3]宣称"只有优生学宗教才能拯救人类文
明"。1936年，在"高尔顿演讲"[4]中，朱利安·赫胥黎预
言优生学将成为"未来宗教信仰的一部分"。英国心理学
家雷蒙德·卡特尔（Raymond Cattell）创造了一种被他称

---

1 拉比是犹太教的精神领袖或宗教老师。
2 《诗篇》是《圣经·旧约》的一本。
3 萧伯纳（1856—1950），爱尔兰剧作家和评论家，于1925年获得诺贝尔
  文学奖，是费边社（英国社会改良主义团体）的重要领导人。
4 一个命名演讲，用对主题具有重要意义的学者的名字命名，以纪念该学
  者对学科做出的重大贡献，通常以固定频率进行。

之为"超越主义"的理性宗教，这一宗教结合了优生学和进化论：主张对穷人和病人的死亡置之不理，切断对贫穷国家的援助，并禁止移民。对众多宗教界的优生学追随者来说，这显然是一种截然不同的方式，因为他们强调教会机构的社会责任且往往来自不同宗教的自由派。

图 2. 在两次世界大战间隔时期美国盛行的"更健康家庭竞赛"中，为高分家庭颁发了奖牌。这些奖牌上带有《圣经》中的语句"我的产业实在美好"（《诗篇》16：6）（左图）。[1]

天主教教义坚决反对多项优生政策，有组织的天主教运动常常阻止优生措施的实施。在 1930 年之前，一些致力于社会正义的自由派天主教徒曾尝试调和这一矛盾，

---

1 左图中的语句在这里引申为"我继承了父母良好的基因"的意思。右图则显示"更健康家庭竞赛"和"由美国优生学会颁发"的字样。

但 1930 年教皇的通谕《圣洁婚姻》(*Casti Connubii*)[1] 让这些努力前功尽弃。这一长篇天主教婚姻教义谴责世俗权威妄自霸占了本该上帝独享的权力，被英国的《优生学评论》(*Eugenics Review*) 批判为"目中无人的黑暗中世纪的遗风"。该教令除了禁止避孕和绝育外，还呼吁国家对穷人进行救济，从而干预那些导致改革派天主教徒倒向优生学的社会问题。然而，优生学的各个方面依然影响到了天主教的实践活动。例如，一些牧师隐晦地教导他们的教区居民避免与具有"不良"遗传特征的家庭通婚。英格兰天主教学者托马斯·杰拉德(Thomas Gerrard)和意大利方济各会修道士阿戈斯蒂诺·格梅利(Agostino Gemelli)认为，当天主教的教义在主张、促进和控制婚姻选择时，在定义上它就已经具有优生学性质了。法国耶稣会信徒勒内·布鲁拉德(René Brouillard)于 1930 年宣称"天主教的道德观没有谴责所有的优生学"。

犹太教与优生学的关系因 20 世纪早期广泛而恶毒的

---

1 《圣洁婚姻》是罗马教皇庇护十一世为回应圣公会兰贝斯会议颁布的通谕，强调婚姻的神圣性，禁止天主教徒使用任何形式的节育措施，并重申禁止堕胎。

反犹太主义而变得复杂。尽管如此，优生学家和犹太人通常都支持阻止不同宗教信仰者结婚的犹太教禁令，认为这是一个可以成功维持种族纯洁的优生法则。一位转攻遗传学的犹太医生雷德克利夫·内森·萨拉曼（Redcliffe Nathan Salaman）于 20 世纪初发表了关于犹太人遗传的学术文章；在德国出生的犹太裔遗传学家理查德·戈德施密特（Richard Goldschmidt）[1] 直言不讳地倡导优生绝育措施以避免不健康的分娩。许多国家的犹太科学家都积极参与到优生学的研究中，因此，反犹太主义绝不是优生学的组成部分。在犹太复国主义者中，许多人从生物学角度理解犹太人，并拥护优生学原则。在巴勒斯坦托管地[2]，给犹太母亲分发的手册中将优生学作为一种可以帮助母亲正确照顾婴儿的科学进行推广。

与天主教教义一样，伊斯兰教的信仰宣称神圣的力量是真主独有的，人类不能改变真主安拉创造的东西。只有为了创造血统纯正的家族的计划性生育以及在怀孕前四

1　理查德·戈德施密特（1878—1958）被认为是第一个尝试整合遗传学、发育生物学和进化生物学的科学家，曾提出"有希望的怪物"假说，用以解释生物进化的发育机制。
2　第一次世界大战结束之后英国统治巴勒斯坦地区时期的名称，直至以色列 1948 年建国。

个月的堕胎，才在某些情况下被允许。伊斯兰教的观点只能接受部分而非全部的优生实践。因此，尽管优生学在伊斯兰世界并非无人知晓，却从未在那里得到过任何重要的支持。

在犹太-基督教文化中，优生学的倡导者认识到，宗教领袖的支持将使他们在民众中获得更大程度的认可。在20世纪早期关于优生学的大学教科书中，保罗·波佩诺和罗斯韦尔·约翰逊（Roswell Johnson）花了整整一章来探讨宗教与优生学，声称尽管每种宗教都能接受优生学，但基督教是优生学"天生的盟友"。倡导者有时会从各个教会中寻求致力于推动优生学的志愿者。美国优生学会举办过一场优生学布道大赛。在英格兰，圣保罗大教堂的教长威廉·英格（William Inge）热衷于国内外的优生学宣传事业，并于1921年在纽约举行的国际优生学大会上发表过演讲。然而，在几乎所有教派中，对于优生学的原则和举措都存在矛盾的态度。每有一个威廉·英格或沃尔特·萨姆纳，就有同样数量的怀疑者被优生学的原理与实践，及其不可避免的对生与死的世俗判断所震惊。无论保守派还是自由派的神学家或神职人员，都常常会感受到来

自优生学规则和实践的冒犯。在天主教教区不存在避孕和
人工流产这些优生学实践，这暗示了宗教对基于人类现状
的世俗理解的优生运动所施加的强大影响。

对优生学的抵制

优生学从一开始就遭到了反对。高尔顿的《遗传的天
赋》（*Hereditary Genius*, 1869）销量极低，而且对其评论
大多是负面的。虽然 20 世纪初期风起云涌的遗传学工作
使蹒跚起步的优生学重获关注，但是科学家尤其是遗传学
家对优生学的批评声音不断增多，特别是 20 世纪 30 年代
之后。随着对人类遗传认识的加深，遗传学家对优生学关
于遗传的论断的批判态度与日俱增。这种反对的根本原因
是优生学过度简化了遗传机制，错误地将表型（可观察的
外在生物特征）等同于基因型（可塑造表型的遗传指令，
我们现在称之为基因组），并依赖于对有计划的繁育所能
实现的目标的错误理解。优生思想始终基于一个越来越难
以立足的假设——后代会继承父母几乎全部的特征，而隔
离和绝育的政策正是基于这一信念而专门设计的。

到了 20 世纪 30 年代，优生学对遗传的这种理解受到了世界各地科学家的抨击，他们指出，"龙生龙，凤生凤，老鼠的儿子会打洞"这种简单对应的遗传方式几乎没有什么科学依据，遗传是复杂的且是由多个基因决定的。尽管优生实践有时确实可以在一定程度上改善表型，但如果这种缺陷表型是隐性的，那改善也将非常缓慢，而且越来越多的研究表明个体可以携带多种遗传性疾病的缺陷基因却并不得病 [1]。

有些人是反感优生学这种过度简单化的科学应用方式，而其他人却是不喜欢优生学的政治方面。1936 年，哈佛大学人类学家欧内斯特·赫顿（Earnest Hooton）反对把"种族歧视和优生学宣传""搅和在一起"，因此拒绝加入美国优生学会的咨询委员会，尽管他本人的著作后来被谴责是种族主义的。动物学家赫伯特·詹宁斯指责优生学家普遍认为他们自己的种族特征是优越的。英国遗传学家兰斯洛特·霍格本（Lancelot Hogben）也持有类似的观点，他谴责优生学家的势利和阶级优越感。然而，所

---

1 因为这些缺陷基因可能是隐性的、微效的，或者需要在特定的基因组和外界环境下才能发挥作用。

有这些人在职业生涯的某些阶段都曾与优生学有过关系：虽然赫顿拒绝了美国优生学会咨询委员会的席位，但他仍然是该学会的会员；著名的丹麦遗传学家威廉·约翰森（Wilhelm Johanssen）对优生学科学基础的批判并没有妨碍他在 1923 年加入国际优生学委员会，更没有影响他在一年后就为政府的去势与绝育委员会服务。几乎所有在20 世纪 30 年代批评优生学的人们都曾在此前的几十年对优生学表现出过不同程度的热情。许多早期支持过优生学的科学家在这些批评中仍带有矛盾的情感：在质疑优生学的科学基础的同时，仍然支持该运动的部分原则。

有些人像霍格本一样自始至终地高声反对优生学。挪威解剖学家奥托·卢斯·莫尔（Otto Lous Mohr，1941 年被纳粹监禁）和英国遗传学家莱昂内尔·彭罗斯（Lionel Penrose）始终都是优生学的批评者，反对依据不但来源于他们的科学研究，也来源于他们的政治信仰。一些人批评优生学是通俗化的科学，将理论群体遗传学过度简化为易懂却错误的观念——可以辨识出控制智力、犯罪和酗酒等性状的基因，而且这些基因可以精确地被导入或导出。莫尔与许多其他批评者都深信，由于对遗传的运行机制仍知之甚少，因此消极优生学是不可接受的。

虽然科学家们主要关注的是优生学对其核心概念"遗传"的错误理解，但也有其他反对者批评它的精英主义和种族主义，以及在给遗传上的弱者"定罪"的过程中越来越反民主。意大利经济学家阿奇勒·罗丽亚（Achille Loria）质疑优生学将富有和成功等同于"好"的基因，并反对将贫困与遗传相联系。工会组织认为优生学是对其选民的攻击。受到优生运动影响的人有时也会反击：父母走上法庭要求放回他们（因带有"遗传缺陷"而）被国家监禁的子女，收容机构的被收容者则常常拒绝遵守规则，甚至企图逃跑。

还有一些批评家从优生学中看到了一个令人不安的未来。哲学家伯特兰·罗素（Bertrand Russell）警告说，反对优生思想的人可能自身会成为被要求绝育的对象。其他人则预见到一个类似于赫胥黎在《美丽新世界》中描绘的世界——人类为了服务国家而繁育。英格兰作家 G. K. 切斯特顿（G. K. Chesterton）也是一个直言不讳的批评家，他曾评论"优生学蔑视人权","优生主义者在令人毛骨悚然的天真想法中变得冷血"。然而在许多情况下，特别是在积极优生学占主导地位的国家（例如斯堪的纳维亚各国、波兰和英国），对优生学的支持也来自政治上的左派[1]。对优生学的抵制与优生运动本身一样多变；不仅优生学的实践常常大相径庭，人们对优生学的谴责也各执所见。

　　一些反对者认为优生学是一种吸引极端分子的伪科学，但现实情况要复杂得多。如果优生运动真有那么简单，它不会长期存在且不可能造成多大的影响——然而事实绝非如此。不仅现今的我们仍然需要面对关于繁育和遗传的伦理争论，而且这一运动波及甚广——遍及美洲、亚洲、欧洲、中东、太平洋以及非洲的部分地区，并在整个20世纪，甚至在纳粹主义失败之后，持续地对科学和社会政策产生巨大影响。因此，优生学值得我们认真对待。

1　政治左派支持平等原则，是社会民主主义者，与右派捍卫社会阶级的政治意识形态相反。

第二章

关于智力的优生学

对于优生学家来说，智力是重中之重。早在弗朗西斯·高尔顿创造出优生学这个术语之前，他早期的研究就已集中在天赋的可遗传性上。他将天赋定义为"一种超群且天生的才能"。在《遗传的天赋》一书中，高尔顿使用统计学方法追踪他所定义的卓越个体的家系，得出的结论是他们的智力在很大程度上是可遗传的。他比较了一级、二级（祖父与孙子，叔叔与侄子）和三级（曾祖父，堂/表兄弟姐妹）关系[1]中卓越个体的频率与普通人群中卓越个体的频率，发现卓越个体的亲属通常更倾向于卓越，而这种倾向性随亲属关系变远而有所下降。据此，高尔顿得

---

1 按亲缘关系远近进行的分级：一级亲属关系指父母与孩子、同父母的兄弟姐妹等，他们共享一半的基因；二级亲属关系共享 25% 的基因；三级共享 12.5% 的基因。

出结论：智力是一种可以遗传的特征。

高尔顿的度量方法以及对智力的兴趣预示着智力测试这一"新大陆"在 20 世纪初出现。人们长期以来认为理性是人类区别于动物的关键因素，其在人与人之间存在的差异引起了很多科学家的兴趣。在优生学的思维中，智力是关键变量（可优化特征）。所以，对智力的测量与对智力低下者（feeble-mindedness）的识别是判定优生学政策的关键所在。"智力与精神障碍是可遗传的"这一观点则加强了优生学家对智力测量与分类的兴趣。

对智力低下者的定义与分类

尽管智力低下者一词在 20 世纪初已是陈言老套，如今的使用更是屈指可数，但此术语在 19 世纪末却叱咤风云。智力低下者描述的是一个数目庞大且令人担忧的人群；他们比白痴（idiot）或痴愚（imbecile）这些当时在医学和心理学界曾广泛使用的术语所描述的残疾程度要轻，但仍低于正常智力水平。英国在 1908 年采用的定义中，智力低下者被描述为"条件有利时能够谋生"，却"无法进行平等竞争……或以正常的心智来管理自己和自己的事务"。1910 年，美国智力低下者研究协会提出了对智力低下者的三级分类：白痴（心智年龄不到两岁）、痴愚（心智年龄在 3 到 7 岁之间）以及一个新名词——愚笨（来自希腊语 *moros*，意思是鲁钝或愚蠢，其心智年龄在 8 到 12 岁之间）。在 20 世纪初，聋哑人和盲人也经常被归为心智障碍者。

智力与变化中的社会环境

随着人们涌入城市寻求就业机会，对贫困所产生的社会后果的担忧与日俱增。贫民人口猛增，而就业形势往往不公平且不稳定，这些因素导致贫困变得随处可见且在所难免。与此同时，政府承担起越来越多的教育责任，逐步实施对 11 岁及以下儿童的强制性就学。儿童在学校表现出的明显差异则推动了旨在区分儿童智力差异、对不同智力水平的儿童进行分类并满足不同儿童需求的研究工作。

20 世纪早期治国方略的另一个特征是缓慢而稳定地朝着更具广泛政治代表性的方向迈进，这引发了关于首次参加投票的选民的准备度与智力程度的辩论。强调社会工程[1]与公共福利的新政治形态为优生学提供了肥沃的土壤。强制性学校教育只是其中的一个要素，公共卫生、童工法、贫民窟的清理、婚姻法规以及公共援助计划都被提上了当时的政治议程。官员们相信科学可以帮助解决社会问题，创造出眼界开阔并有责任感的公民，他们在优生学中找到了解决这些貌似棘手的社会问题的方案。正是在这种背景下，智力（或其缺陷）获得了新的研究意义，这也得益于儿童被集中在教室里，可以被观察、测试与分类。

初等教育兴起的同时，欧洲国家对社会衰退的担忧日益增长。社会文明会因未受教化人口的日益增加而陷落的焦虑在 19 世纪 90 年代出现了，西欧和美国新一轮的进步主义[2]政治浪潮就是对这种焦虑的部分反应。其中最令人担忧的就是受过良好教育的人群比那些社会层级较低的人群孕育更少的后代。这一现象有时被称为"达尔文悖论"[3]——群体中最不成功的个体繁育了最多的后代。高尔

---

1 指利用教育、宣传、文化、制度等改变民众的行为。
2 进步主义者支持对人权、福利与社会正义的持续改善，是福利国家的拥护者。
3 达尔文理论认为本应是群体中最成功的个人繁育最多的后代。

顿及其追随者观察到了社会成就和生育"成就"之间的负相关关系。整个西方社会都为下层阶级的生育能力超过了精英阶级而担忧,这个现状令很多人不寒而栗。与此同时,中国、印度和日本等亚洲国家人口的强劲增长令他们坐立不安。

对于优生学家而言,这种差异性生育是引起警觉的重要原因,因为"更优秀"阶级的人群比例将注定会系统性地下降,而这正是他们意图反击的反乌托邦。最优秀阶层会被愚蠢无知的人群所淹没,家庭规模会随其成员智力的提高而缩小——这些认识在社会政策的形成中发挥了重要作用。支持智力测试的主要论据之一就是当时普遍认为的心智缺陷者乐于生育的坚定信念。正是基于这个信念,一个新的人群类别出现了:无法区分是非的"道德痴愚"——惩罚因此对他们不具有威慑力。这一类别迅速被广泛采纳。塔斯马尼亚 1920 年的《心智缺陷法》是全球范围内类似的法律之一,其中就包括"道德缺陷"的类别。

只有在多数人认为智力是可遗传的时代,(人群间不同的)繁殖力才可能成为问题。理查德·达格代尔

（Richard Dugdale）在纽约州担任监狱巡视员时注意到了罪犯之间的血缘关系，并由此引发了对"堕落的"朱克斯家族（Jukes family）的分析，他的研究成果于 1877 年发表并广受赞誉。尽管达格代尔同时注意到了环境和遗传两方面因素的影响，优生学家却将其研究解读为下层阶级构成生物威胁 [1] 的证据。如果智力是一种可遗传的特征而不是通过教育可以影响和不断发展的，那么不适宜人群的高生育率将导致社会整体的脑力衰退。1888 年，英格兰北部一家精神病院的院长 G. E. 沙特尔沃思（G. E. Shuttleworth）曾告诉皇家盲人与聋哑人委员会："愚蠢行为的最常见诱因是……不般配的婚姻。"没过多久，这一观点就演变为心智缺陷者会滥交。一群群的（往往是非婚生的）贫困儿童已经够糟糕了，遑论这发生在性传播疾病的污名达到顶峰的时代；智力低下者随意的性生活习惯会传播梅毒和淋病，并影响之后好几代人。虽然这些"苦难"会被遗传的观点在 20 世纪 30 年代受到了遗传学家的质疑，但在该世纪初，这样的解读为人们所察觉到的社会

---

1 这里特指遗传意义上的生物威胁。优生学家这里仅强调了达格代尔研究中报道的遗传因素，而忽视了环境因素。

弊病提供了诱人且简单的解决方案。学校人口的显著增长
则为测试这些理论并从政策角度采取措施阻止社会衰退提
供了机会。

图3. 如果没有摄影师的手写标题（"残疾人学校的智力低下者，摄于亨利
大街"），观者只能从照片中看到一个20世纪初典型的纽约教室的
景象。

智力测试的起源

智力研究的涉猎范围之广令人震惊。美国政府在
1840年的人口普查中首先开始了对智力数据的收集，将

"聋、哑、盲和精神错乱"作为一个与种族并列的类别单独进行划分。到 19 世纪末，一些富有进取心的科学家已然建立起了智力测试实验室。在 1884 年的伦敦国际卫生博览会上，高尔顿的人体测量实验室对大约 9000 名自愿参加的被试者进行了头部大小、反应时间以及视觉、听觉和色觉的测量。十年后，在芝加哥举行的世界哥伦布博览会上，一个颇受欢迎的心理学展台为参观者提供了心理测试。美国心理学家詹姆斯·麦基恩·卡特尔（James McKeen Cattell）测试了 1000 名"卓越"者的反应时间、握力、疼痛敏感度、记忆力以及区分物体重量的能力。爱德华·塞甘（Édouard Séguin）先后在法国和美国研究儿童智力，在 19 世纪 60 年代引入了非语言类的认知测试。而在德国，赫尔曼·艾宾浩斯（Hermann Ebbinghaus）通过将句子补充完整的填空练习[1]来确定儿童的才能。英国心理学家查尔斯·斯皮尔曼（Charles Spearman）[2]在其具有广泛影响的双因素理论中，将完成某项特定任务的智力

---

1 这类填空练习即英语考试中的常见题型——完形填空。
2 斯皮尔曼（1863—1945），英国心理学家，也以统计学工作而闻名，他的研究包括因素分析和斯皮尔曼等级相关系数等。

与一般智力加以区分。正是在心理测量学——测量心智的科学——这个充满活力的新兴领域中，诞生了与优生学相关的现代智力测试。

现代智力测试公认的创始人、法国心理学家阿尔弗雷德·比奈（Alfred Binet）其实是反遗传主义者[1]，他当时被法国当局要求创建一种办法来帮助那些不适应课堂的儿童。尽管本意是帮助那些陷入困境的儿童，但智力测试很快就演变成为一种可以对确诊的智力低下者进行清除、隔离以及生育控制的潜在手段。不像高尔顿和卡特尔的研究工作那样仅仅识别天才，20世纪早期的智力测试还可以识别智力缺陷人群。这些测试的结果看上去展现了人数众多的智力低下者随意生育进而拉低人口平均智力水平的严峻形势。A. F. 特雷德戈尔德（A. F. Tredgold）是参与英国心理测试的主要心理学家之一，他在1908年估计，每248名英国人中就有一人患有他所谓的痴呆症（心智缺陷症），其中绝大多数都是智力低下者。

1　遗传主义认为遗传在决定智力和人格方面起着关键的作用。遗传主义者相信遗传学能够解释性格特征并解决人类的社会和政治问题。目前，主流人类遗传学家认为行为与心智源于基因与环境的共同作用。

新一代的智力测试刚开始时只应用于儿童，依赖于特定年龄所取得的成绩——在什么年龄预期儿童可以获得怎样的能力。比奈从 1889 年开始这项研究工作，并于 1891 年开始与心理学家西奥多·西蒙（Théodore Simon）合作。出于对自己的女儿玛德琳和爱丽丝成长过程的着迷，比奈收集了儿童获得某项特定技能的年龄数据。为了评估天生的智力而非后天训练的成果，这两人尝试避开了被他们视为由学校来教授的能力，而是专注于其他能力，例如叫出身体的部位，提供缺失的单词，记忆、复述和遵循指示，以及社交互动。他们于 1905 年引入的第一个智力测试包含 30 个复杂度递增的任务。1908 年的修订版按正常儿童可完成任务的年龄进行了重新组织。测试将获得一个表明儿童心智成熟程度的分数。

智力测试成为主流

比奈和西蒙的智力量表迅速被翻译成多种语言，并在第一版测试发布后不久就在德国、意大利和比利时开始使用。亨利·戈达德（Henry Goddard）于 1908 年在瓦恩兰学校（成立于 1888 年，即新泽西的智力低下儿童教育护理之家）使用了比奈-西蒙测试的英文翻译版。到 20 世纪 20 年代，如果把局部地区和零星使用情况也包括在内，心理测试在瑞士、荷兰、整个北美洲、西班牙、巴西、苏联、捷克斯洛伐克、印度以及南非和东非的国家或地区被广泛使用。由威廉·斯特恩（William Stern）于 1912 年在德国发明的指数——智商（IQ）——迅速成为智力水平的标准描述。1916 年，斯坦福大学的美国优生学会会员刘易斯·特曼（Lewis Terman）对比奈-西蒙测试和智商的计算进行了进一步修订。由此产生的斯坦福-比奈智力测试沿用至今，目前使用的是第五次修订版。

在哥伦比亚，精神病学家和政治家路易斯·洛佩斯·德·梅萨（Luis López de Mesa）于 1917 年开始使用特曼智力测试，其翻译版于 1920 年在秘鲁和智利开始使用。心理学家樊炳清[1] 于 1916 年将其引入中国。特曼智力测试于 1908 年传入日本，并在后来进行了本土化改编，例如铃木-比奈版（1930）和田中-比奈版（1947）在实

---

1 樊炳清（1877—1929），字少泉，近代学者、教育学家和翻译家。

践中都有相当大的影响力。挪威和芬兰于 1913 年开始使用智力测试，并于一年后出现了瑞典语的比奈-西蒙智力量表。比奈-西蒙智力量表于 1915 年被翻译成土耳其语，1927 年被翻译成立陶宛语，并于 20 世纪 20 年代由在纽约接受过科学训练的心理学家以赛亚·阿尔维斯（Isaías Alves）带到巴西。印度主要城市的一些心理学实验室也于 1915 年开始尝试进行智力测试。长老会[1] 传教士 C. 赫伯特·赖斯（C. Herbert Rice）1925 年在普林斯顿大学完成的博士论文题目是《印度斯坦的比奈智力表现分数量表》。另一位美国传教士戴维·赫里克（David Herrick）于 20 世纪 20 年代初期开始对印度班加罗尔市的儿童进行智力测试。到 20 世纪 20 年代末期，乌尔都语、孟加拉语、泰米尔语和泰卢固语[2] 的测试都开始投入使用。20 世纪 30 年代，传教士们还帮助创建了斐济综合能力测试，1911 年出现了祖鲁语[3] 版的智力测试。1918 年，墨西哥也开始使用智力测试，并于 20 世纪 30 年代在孤儿院和学校中广

---

1 基督教新教的主要宗派之一。
2 印度六大传统语言中的四种。
3 24% 的南非人的母语。

泛使用。在这些地方，这一应用作为革命[1]后对儿童成长关注的一部分由政府公共教育部管理。

讽刺的是，在比奈和西蒙的家乡法国，他们的智力量表却退居二线。医疗专业人员坚持使用包括病人-医生密切沟通在内的临床诊断方法，对智力测试的价值持怀疑态度。尽管法国少年法庭于1920年就开始使用智力测试，但直到20世纪40年代，维希政府[2]才在诺贝尔奖得主、外科医生及优生学家亚历克西斯·卡雷尔（Alexis Carrel）的催促下开始普及针对6岁和14岁学龄儿童的智力测试。

对智力测试最热衷的是美国。早在1895年，美国心理学会就开始着手规范对体格和智力的定量测试。尽管早期主要测试手写和算术等基本技能，但这为智力测试提供了现成的测试文化。当戈达德于1908年在瓦恩兰学校首次引入比奈-西蒙测试并于1910年推广到当地公立学区时，智力测试的原则已然确立。正是在这些早期试点研

1　墨西哥革命一般指始于1910年的墨西哥人民反帝反封建的资产阶级民主革命，1917年新宪法的颁布标志着革命的成功。
2　第二次世界大战期间纳粹德国控制下的法国政府（1940—1944）。

究的基础上，戈达德再三强调至少有2%的美国学龄儿童"永远不能与正常同龄人一样"。

图 4. 比奈-西蒙测试中的一个问题，测试中有三个同类问题，本题为第一题。该题目要求被试者从两张人脸中识别出较为漂亮的一个——不考虑被试者个人的审美好恶，而仅通过对错来评分。

比奈和西蒙从未打算提供具有普遍适用性的智力测试。他们当时的目标是确定需要接受特殊教育的儿童，并帮助他们充分发挥自己的能力。鉴于人类智力的复杂性，比奈坚持认为单独使用他们的智力测试是不合适的。然而，人们对这样的测试有广泛的需求，以至于1911年版的比奈-西蒙智力量表（在比奈54岁英年早逝前不久发布）的测试范围被扩大到了成年人。尽管在第一次世界大战之前儿童仍然是测试的主要对象，1911年版的测试在诞生不久之后就不仅普遍用于学校和少管所，而且也广泛地用于监狱和治安法庭上。

到 20 世纪 20 年代早期，市场上已有超过 40 种不同的智力测试。教科书出版商为了扩大销售，发行了详细介绍测试各个方面的书籍。1917 年出版的一本用于费城公立学校的手册建议测试人员关注测试对象的态度。通过这种方式，这项测试可以描绘"一般性的智力、普遍的行为倾向以及全面的表现"。在针对儿童的一个问题中，测试人员向测试对象展示了两个面部肖像，并询问哪个更漂亮。（尽管不同文化中存在明显的审美差异，但在 20 世纪 30 年代的南亚版测试中仍使用了相同的面孔。）成年人则被要求区分懒散（idleness）和懒惰（laziness），以及从给他们朗读的散文中总结出中心思想。手册建议严格遵照标准答案，不考虑文化的差异。为了减少环境与教育对研究的影响，特曼在研究中扣除了国外出生儿童的测试结果。但随着智力测试越来越流行，这种环境与文化的差异常常被忽视。尽管许多测试都不涉及语言能力，但是测试说明却不可避免地使用了语言。这不仅对非母语者不利，也影响了缺乏口头交流与沟通机会的人群的测试结果。在特曼的修订中增加了对服从性的衡量，这大概是作为社会化指标的一部分，在那个对青少年犯罪高度关注的时代，这样的测试内容可能对年轻的被试者造成严重的后果。

大规模应用

在 20 世纪 10 年代使用的智力测试不但耗时而且依赖于昂贵的仪器，需要花费 20 到 25 分钟来进行单独测试。特曼的学生亚瑟·奥蒂斯（Arthur Otis）开发出了可供大规模人群进行智力测试的选择题版本。当美国参加第一次世界大战时（1917 年），奥蒂斯设计的新智力测试首先在陆军中进行了大规模人群试验。比奈和西蒙早在 1909 年就提出对法国应征入伍者进行智力测试，但该项目并未正式实施，这使得美国陆军成了首批大规模使用成人智力测试的人群——战争为年轻成年男子的集结提供了前所未有的机会。美国心理学会会长、美国优生学会会员罗伯特·耶基斯（Robert Yerkes）主持了陆军智力测试项目；以商业心理学方面的工作而闻名的沃尔特·迪尔·斯科特（Walter Dill Scott）则领导了另一个团队，进行了旨在提高军事效率的天赋测试。

特曼声称智商数据可以预测职业成功，基于此理论，智力测试人员会帮助陆军将新兵分配到合适的部门。1917年，一支由40名心理学家组成的团队对至少8万名陆军新兵进行了测试，尽管一些军事训练基地对其效果存在怀疑，到1917年底，耶基斯和他的团队还是获得了对所有新兵进行测试的批准。当该计划于1919年1月结束时，超过175万名士兵参加了陆军A卷或B卷的测试。这些智力测试模仿了斯坦福-比奈智力测试，但采用了选择题的形式。

测试的起草者们坚持认为智力测试基本上与被试者的成长环境无关，因此这些测试是反映先天智力的客观指标。陆军B卷为文盲和非母语者设计，要求被试者绘制可以通过迷宫的路径，将几何形状合理地组合在一起，或者在图片中找到缺失的元素，例如缺少球网的网球场。陆军A卷则为识字的人群设计，分为八个需要定时完成的部分，每个部分有8—40个问题，题目类型包括单词配对、数字序列[1]、算术、将乱序的单词重新排列成可理解的句子以及

1　给定一个数字序列（例如：1、1、2、3、5、8、13……），问下一个数字是什么（这里答案为21）。

类比说明。例如有一个问题是，"华盛顿对应于亚当斯相当于第一对应于 _____？"[1] 还有一个问题是需要确定"牛仔布是舞蹈、食物、面料，还是饮料"。陆军 A 卷还包括信息测试和"行为判断"测试。整个测试不到一个小时即可完成，分数则被转换为心智年龄和分数等级（从 A 到 E）。这项军事心理学实践为大规模的测试（时至今日这依然是美国教育体系的重要特征）铺平了道路，不仅提供了官方机构的合法性，而且开创了一种不需要与被试者进行一对一面谈的经济型大众产品。尽管军队在战后拒绝继续参加这些测试，但测试团队在洛克菲勒基金会的帮助下于 1919 年创建了国家智力测试，并很快被高校、企业、中小学和法庭采用，在出版一年内就售出了超过 50 万份。

美国国家科学院于 1921 年出版的著作首次披露了从 1917 年底至 1919 年初获得的庞大军事智力数据的分析结果。分析将人群按照地域和种族进行了划分，但最引人注目的结论是美国白人新兵的平均心智年龄为 13 岁。其实特曼早在 1916 年就报道了类似的结果，他当时发现参

---

1 华盛顿和亚当斯分别是美国第一任和第二任总统，因此答案为第二。

加测试的 104 名成年人中有 50% 的人在心智年龄上的得分在 12 到 14 岁之间——陆军测试的规模使得这一结论更加确凿。另一位活跃的优生学家同时也是学术能力测试（SAT）[1]的创造者卡尔·布里格姆（Carl Brigham）在 1923 年的《对美国人的智力研究》（*A Study of American Intelligence*）中使用了陆军智力数据，并强调了人种差异。他也发现应征入伍者的平均智力年龄偏低，但尤其强调了移民——特别是来自南欧和东欧的移民——得分低于本土出生的美国白人，而非裔美国人的平均得分最低，心智年龄为 10 岁。通过这些测试所获得的智力数据与种族具有高度的相关性。

布里格姆的研究工作也受到过批判。著名的人类学家弗朗茨·博厄斯（Franz Boas）就指出了影响这些智力测试的文化偏见，一些著名的非裔美国学者也持类似观点。霍华德大学的玛莎·麦克利尔（Martha MacLear）认为这些对一般智力的测试未必可靠，而霍勒斯·曼·邦德（Horace Mann Bond）则巧妙地证明这些智力测试的结果

1　相当于美国的高考。

不但可以解读为受遗传的影响，同样可以轻易地由环境因素解释。尽管如此，布里格姆的工作依然在优生学家中引起了共鸣，以此作为他们所声称的大量低于正常智力的人群正在迅速繁育并拉低了人群平均智力的科学论证。因此，刘易斯·特曼于 1924 年自豪地宣称智力测试"已成为优生运动的灯塔"也就不足为奇了。

教育与隔离

遗传主义者认为，智力低下是无法治愈的，需要持续的监督和照料，特别需要防止他们生育后代。越来越多的优生学家开始推荐采用"监禁式照料"的原则，尽管这些专门机构早于优生学就已经诞生了。在瑞士、德国、美国和英格兰，服务于智力低下者的学校自 19 世纪 40 年代就已经存在了。1886 年，英国埃格顿委员会[1]建议由国家为特殊学校提供资助，向 16 岁以下的盲人、聋哑人以及智力缺陷者提供义务教育。到了 19 世纪 90 年代后期，已有 30 多所学校专为智力低下者服务。1913 年，《智力缺陷

1　即皇家盲人与聋哑人委员会。

法》授权地方当局限制没有明显收入的、被刑事定罪的、非婚生子女以及怀孕但靠救济生活的智力低下者的行动自由。这一法案让英国优生运动支持者们欢欣鼓舞，他们认为这是优生学里程碑式的胜利。诸如此类的法案在 20 世纪初日益普遍。英国法案作为模板席卷了整个大英帝国——南澳大利亚州与新西兰于同年通过了类似的法案，而澳大利亚的塔斯马尼亚州、南非和加拿大的艾伯塔省也分别于 1920 年、1916 年和 1919 年立法通过。

优生主义者要求建立智力低下者的"收容所"，在那里，智力低下者可以在监督下度过他们的人生，并可以通过性别隔离防止他们进一步生育。长期的隔离是基于这样一种信念——智力低下是可遗传的，因此无法治愈，所以仅仅几年的特殊教育无济于事。在 1920 年的著作《优生》(*Being Well-Born*)中，美国动物学家迈克尔·盖耶(Michael Guyer)提出了这样的论点：对于那些智力低下者而言，"除了让他们尽可能快乐并开发上天给予他们的有限天赋之外，几乎没有什么别的可做的了"。他认为最重要的是"充分和永久的监督，以杜绝一切生育后代的可能"。他声称这么做无论是在经济学意义上还是在常识上都是合情合理的。

在 1910—1930 年间，通过收容机构进行的监禁急剧增多。美国第一个颁布收容法案的是伊利诺伊州，该法案于 1915 年获得一致通过。其他州也迅速采取行动，允许对智力低下者进行强制收容。1899 年英国的立法虽然鼓励教育当局为"有缺陷和患癫痫的儿童"提供特殊教育，但不强制要求。然而到了 1914 年，法律则进行了强制性规定。兰登收容所于 1938 年在英格兰南部成立，是收容机构的典型代表：那里有 18 个病房，设计容纳近千名患者，并严格按性别进行隔离。美国弗吉尼亚州原本的癫痫收容所从 1910 年开始扩大到收容智力低下者。到 1926 年，它收容了近 900 人。由于这些收容机构往往远离人口中心，因此通常要求被收容者从事体力劳动。男人被分配到农场和商店进行劳动，妇女则被分配到厨房和洗衣房工作。这种收容所运动的支持者声称被收容者对他们所分配到的枯燥任务乐得其所，而且这些支持者认为节奏和纪律对智力低下者有益。在 1904 年的世界博览会上，一个展台展示了智力低下者在收容机构制作的手工艺品，以体现其节俭性与实用性。一个火爆的现场表演则展示了聋哑学校的学生上课的场景，用以突显优生学隔离政策的优越性。

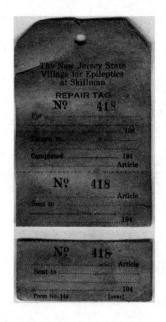

图 5. 这些维修标签属于美国新泽西州的斯基尔曼癫痫村，该村成立于1898 年，并于 1998 年关闭。该村建在普林斯顿大学附近由州政府出资购买的农田上。与其他的收容所和收容机构类似，这里限制了那些被认为无法在社会中生存的人群的行动自由。[1]

道德风险

智力测试似乎证实了智力低下者以更高比例存在于罪犯、贫民、酗酒者和妓女中。戈达德于 1913 年声称，美国四分之三的罪犯和一半的妓女、穷人以及酒鬼都是智力低下者。他还声称，在工读学校进行的比奈测试显示，高

---

1 该维修标签编号 418。上侧标签将与待维修品共同放置于维修部门，下侧为可手撕收据，由送修方保管并据此取回维修品。

达 80％的工读生都是智力低下的。三年后，特曼断言：
"并非所有罪犯都是智力低下者……但是所有智力低下者
至少都是潜在的罪犯。毋庸置疑，每一个智力低下的女人
都是妓女。"两次世界大战间隔时期[1]的英国心理学领袖和
坚定的遗传主义者西里尔·伯特（Cyril Burt）同意这一观
点，并特别强调了社会经济地位和智力之间的高度相关性。
这些智力测试都指向一个结论：贫穷和不道德源于生物
遗传，而非社会环境。特雷德戈尔德声称，英国近 20％
的智力低下者在劳动救济所工作，尽管不受欢迎，却是穷
人最后的谋生手段。另外，在他的智力低下者样本中，有
酗酒家族史的占 46.5%。

这种分析认为，智力低下是不良社会行为的真正原因。
特曼的解释很简单——道德判断需要高层次的思考。他写
道："如果智力仍处在幼稚阶段，道德就不能开花结果。"
如果犯罪、贫穷、非婚生育和破坏性行为与智力低下密不
可分，那么把他们排除在正常社会之外就是合乎逻辑的。
1927 年，小奥利弗·温德尔·霍姆斯（Oliver Wendell

---

1 1918—1939 年。

Holmes Jr.）在最高法院"巴克诉贝尔案"（*Buck v. Bell*）中支持了对卡丽·巴克（Carrie Buck）的绝育，并用当时流行的遗传主义观点进行了简明的总结："三代智障已经足够了。"

智力低下者的家庭谱系追踪研究支持了这样的主张。在《卡利卡克家族：一个关于智力低下者的遗传研究》（*The Kallikak Family: A Study in the Heredity of Feeble-Mindedness*，1912）中，亨利·戈达德追溯了一个家族的两个分支。男主人在与一位正直的贵格会[1]女信徒结婚前，草率地与一个书中所谓的"无名的智力低下女子"生了一个孩子。他的婚生子女一支发展兴旺，而婚前私生子那支却家道中落。戈达德用大量篇幅罗列了受尊敬后裔的成功和"问题后裔"的失当，并用源自希腊语的"*kalos*"（好）和"*kakos*"（坏）命名这个家族[2]。他声称这个家族的两个分支居住在"几乎相同的地区和环境中"，因此其盛衰兴废只能用遗传而不是外部条件来解释。是天性，而非

---

1 基督教公谊会（Society of Friends）的别称，该会强调圣灵的指引，废除外表礼仪和神职人员，长期以来积极维护和平、反对战争。
2 合起来就是家族的名字"Kallikak"（卡利卡克），这一研究忽视了家庭环境与社会地位的影响。

后天教育，占据了主导地位。

卡利卡克家族智力低下分支的道德缺陷凸显了道德与智力之间的优生学联系。越来越多的人使用"道德痴愚"一词来强调这种联系，心理测试也相应地添加了一些旨在评估道德的问题，作为智力的一部分计算分数。斯坦福-比奈的理解力测试对 4 岁儿童提出了诸如"为什么我们有房子"之类的问题。到了 7 岁，问题则更加强调道德判断："如果你破坏了别人的东西，你会怎么办？"从 20 世纪 10 年代初开始，许多西欧国家进行了道德感测试，特别是针对儿童的测试。虽然并不一定都是典型的优生学测试，但它们的出现很大程度上要归功于当时的优生学测试热潮以及优生学对智力和道德之间关系的判定。

受遗传学定理的启发，优生学认为生育是解决智力问题的关键。再加上优生学家对道德缺陷的强调，必然导致男性和女性受到区别对待。智力低下的女人被视为性欲亢进且道德能力不足。虽然被强制收监的人数少于男性，但考虑到女性在道德上的危险性与脆弱性，她们被监禁的时间往往比男性长得多。对妇女的智力评估通常依赖于她们的性行为，因此私生子的母亲、性生活频繁的青春期少女以及女性性工作者经常被归类为智力低下，她们"不检点"的行为则证明了她们能力的不足。女性也通常被认为不太可能在智力方面表现出色。在智力测试中，当女性得分高于男性时，主考官通常会通过调整试题以降低她们的分数。在衡量高智商人群时，女性甚至被完全排除在外——高尔顿和詹姆斯·卡特尔都没有将女性纳入智力卓越者的研究中。卡特尔在 1903 年的《大众科学月刊》（*Popular Science Monthly*）发表文章指出，由于女性"比男性更不易于偏离正常范畴"，因此少有卓越者。这一观点受到包括利塔·霍林沃思（Leta Hollingworth）和海伦·伍利（Helen Woolley）在内的美国早期女心理学家的反对。伍利开创了性别差异研究，在其 1903 年出版的《性别的心理特征》（*The Mental Traits of Sex*）一书中，将性别差异理解为后天的社会化产物。然而，总的来说优生学的支持者认为女性的生殖能力是其最重要的特质，而智力低下被认为有助于提高女性的生殖能力，因而在优生学支持者眼中，女性的智力本身也就无关紧要了。

种族与智力

对种族的刻板印象与对性别的一样强烈，人们普遍认为某些种族天生具有更高的智力。在两次世界大战间隔时期，日本在 20 世纪 20 年代用智力测试来证明其种族的优越性。田中宽一（Kan'ichi Tanaka）[1] 对亚洲多个民族人民的智力进行了测试，旨在展示日本人拥有更高的智力水平。澳大利亚心理学家斯坦利·波蒂厄斯（Stanley Porteus）针对不会或几乎不会英语的澳大利亚原住民设计了一种迷宫智力测试。在 1918 年离开澳大利亚接替戈达德在瓦恩兰学校的工作之前，他在南澳大利亚州传教站对原住民学生进行了测试，发现原住民学生的得分明显高于白人少年犯。但当他于 1933 年发表这些数据时，将非裔黑人与澳大利亚原住民的数据合并[2]，并斩钉截铁地强调"人们不需要对黑人的低劣产生任何怀疑"。他进一步指出："如果有事实证据支持，那么科学家就不应该对支持社会流行观点

1　田中宽一（1882—1962）是日本的教育心理学家，日本心理测量学的先驱。他设计了许多心理测试，包括前文提到的田中-比奈智力测试。

2　19 世纪早期确有猜想认为澳大利亚原住民直接来自非洲。现在一般认为澳大利亚原住民是在末次冰期（约 11 万年前—约 1.2 万年前）通过大陆桥从东南亚迁移至大洋洲，因此其实与黄种人关系更近。如果非裔黑人在测试中成绩不佳，这种数据的合并可能会拉低澳大利亚原住民的成绩。

有所抵触。"美国主流心理学家不断地将他们的研究结果种族化。特曼的报告指出，他的"迟钝"组人群（比智力低下者得分略高的人群）主要是"墨西哥人、印第安人或黑人"。

另一个流行的理论——"发育停滞理论"——认为非洲黑人的智力发育水平从青春期开始低于欧洲白人。非洲各地的心理学家都声称，当黑人孩子进入青春期时学习就开始跟不上了。在南非，早在1948年的种族隔离制度出现之前就已经存在种族的分离居住。在第一次世界大战期间，南非开始对白人和黑人儿童进行心理测试。1915年，纳塔尔省和德兰士瓦省[1]开始对南非白人儿童进行测试；战争结束后，美国陆军B卷则被广泛用于测试非洲黑人。1929年，南非国家教育与社会研究局在美国卡内基公司的资助下，开始开发用于大规模智力测试的仪器。然而测试结果总是被选择性地加以解释——当白人儿童表现不佳时，结果被归因于环境；而南非黑人儿童的低分则被认为是遗传性的。

1　均为南非历史上存在过的省级行政区。

正如一些心理学家质疑男性智力较高的观点一样，这些种族差异理论不乏科学上的质疑。在 20 世纪 30 年代中期的一系列重要文章中，教育心理学家乔治·伊西多尔·桑切斯（George Isidore Sánchez）[1]指出了使用针对英语母语者开发的智力测试来评估墨西哥裔美国人的愚蠢之处。加拿大心理学家奥托·克莱恩伯格（Otto Klineberg）在 1935 年出版的《黑人智力与选择性迁移》（*Negro Intelligence and Selective Migration*）一书中用北方非裔美国人比南方白人得分更高来证明智力测试所受到的环境影响[2]，驳斥了黑人天生具有低智商的遗传分析与观点。

批评

智力科学这一新兴学科所受到的批判并非仅来源于其对性别和种族的偏见。意大利颇具影响力的教育家玛丽亚·蒙台梭利（Maria Montessori）尽管一开始对智力测试感兴趣，但在之后却不以为然（虽然她支持对智力低下者

1　曾在得克萨斯大学奥斯汀分校担任过学院院长职务。出生于新墨西哥州，Sánchez 是墨西哥主要语言西班牙语最常见的姓氏之一，这暗示着他的族裔。

2　美国北方受工业革命的影响总体受教育程度更高。

实施隔离）。她的看法的改变来自 20 世纪初与智力测试同时发展起来的儿童早期教育理论，后者对儿童智力提供了截然不同的理解。与蒙台梭利一样，瑞士教育家让·皮亚杰（Jean Piaget）到最后也拒绝接受智力测试背后的理念。尽管他早期曾与西奥多·西蒙合作，于 1920 年对智力测试进行了标准化，但是后来他对这些测试的价值产生了怀疑。到 20 世纪 20 年代，亨利·戈达德和卡尔·布里格姆也不赞成智力完全由遗传决定这种理解。戈达德撤回了他早先的大量理论，而布里格姆则放弃了他早先支持的种族分层观点[1]。二者都在两次世界大战间隔时期开始承认环境对于智力的影响。1922 年，初露锋芒的记者和政治评论员沃尔特·李普曼（Walter Lippman）就对美国陆军的智力测试进行了详尽的批判，称该运动仅仅是赶时髦，并认为真正具有说服力的相关性存在于测试成绩与被试者的受教育时间长度之间。他驳斥了测试可以反映内在智力的观点，这使他与刘易斯·特曼产生了激烈的交锋，后者始终坚持智力测试，因为这是他职业生涯成功的基石。

---

1 种族分层是指一种不平等的制度——种族是对社会地位进行分级的主要标准。

实证研究的结果常常与优生学的结论相矛盾。苏格兰研究、教育与人口调查委员会于 1932 年发起了一项研究，测量了 1921 年出生的 9000 名学龄儿童的智商；1947 年，他们又对 1936 年出生的人群进行了智力测试。随后，研究者从这些被试者中随机抽取了 1000 人（被称为比奈 1000），追踪其进入成年期后的生育、财富、职业与智力情况，旨在测量心智缺陷的频率和地域分布，并且试图将生育率和智力进行关联。该研究发现国家的平均智力并没有下降；相反，第二代的得分普遍高于长辈。在某些情况下，被试者自己在无形中摧毁了测试结果的数据质量。

诸如此类的研究结果和反对意见阻碍了对智力测试这一新文化的接受。在英国，由于常常受到教师们的反对，只有大约一半的地方教育当局同意使用智力测试。陆军军官们大多认为他们自己对部队的评估才是更为重要的，而且并不视高智商为一个士兵最具价值的特征。智力测试也受到了来自法律界的质疑。1916 年，纽约州最高法院法官抱怨智力测试在"标准化"思想，并拒绝在其法庭上接受智力测试的结果。在斯坦福大学就读期间曾为特曼工作过的玛丽·科勒（Mary Kohler），在旧金山少年法庭上反对使用他的智力测试作为诊断少女（心智问题）的工具。中国的孙本文[1]认同智力是可以测量的，但同时也质疑测试的质量和准确性。

在 20 世纪 30 年代，越来越多的研究工作将矛头指向了隐藏在对智力低下者进行监禁和绝育的政策背后的遗传理论。英国科学家莱昂内尔·彭罗斯和雷金纳德·庞尼特（Reginald Punnett）对通过隔离智力低下者实现遗传净化的可能性持怀疑态度。赫伯特·詹宁斯在美国的遗传学研究表明，没有任何一个基因可以简单并直接地导致下一代的智力低下或天赋异禀——智力的遗传是复杂的、由多基因控制的。遗传学家已经确定，除非父母双方均携带该（缺陷）基因，否则精神发育迟缓作为隐性而非显性特征，是不会出现在后代中的。[2]

心理学家、精神病学家和教育家之间的分歧可能会引起政策的风云突变。在拉马克主义（积极）优生学占主导

1　孙本文（1892—1979），社会学家，1930 年起任国民政府教育部高等教育司司长。
2　如果引起智力低下的是隐性变异，则这些变异会大量存在于杂合状态的携带者中。由于携带者不显示出智力低下的表型，隔离或绝育难以将该变异从人类群体中有效清除，因此这类优生措施是无效的。

地位的墨西哥，负责监督学校测试的心理学家拉斐尔·圣马里纳（Rafael Santamarina）拒绝接受美国的遗传主义模式，选择了相较于美国同类量表更注重帮助有特殊需求的儿童的法国比奈–西蒙智力量表。在他离职后，美国的智力测试（特别是选择题测试）被引入，教育事务中的遗传主义思维则占了上风。与此同时，苏联则向着另一个方向发展。随着斯大林地位的巩固，生物遗传的观念因其削弱了平等原则和改良理想而越来越不被接受[1]。在这一背景下，曾在布尔什维克政权早期被广泛使用的智力测试到1936年被彻底禁止了。

尽管对优生学的智力理论存在着强烈的抵制，智力测试在世界各地仍产生了相当大的影响。但总体而言，其作用却又常常被限制在一个出奇狭窄的社会范围内。绝大多数被认为对社会有危害的是那些性感的女性、犯罪的男性、酒鬼和贫民；或是那些行为方式格格不入、在智力测试中得分不佳、患有疾病且毫无责任感，以至于对自己是否会

1　苏联生物学家李森科支持获得性遗传的观点。尽管在科学上几乎完全错误，但该观点与当时意识形态宣传中的社会主义理论更加契合。李森科得到了斯大林的支持，通过政治手段迫害孟德尔遗传理论的支持者，对我国遗传学的发展也曾产生过负面影响。

传播这些疾病漠不关心的移民和少数族裔。当然，也正是这些人群的生育史受到了严格审查——审查他们是否会污染基因库从而导致朝智力低下无尽退化。正因如此，在优生学思想中，智力和生育是需要解决的两个基本问题。

第三章

关于生育的优生学

———————————————————

　　在不断改良人类未来世代的梦想的驱使下，生育管理成了优生学奋斗的核心活动。虽然愿景各不相同，但优生学家一致认同他们的主要任务是通过更健康的生育为未来创造一个更康健的世界。放眼世界各地，这项任务几乎都始于婚姻管制，婚姻管制是最早也是最普遍的优生措施之一，旨在预防梅毒、肺结核等传染病的传播以及身心缺陷的遗传。无论是要求婚前检测疾病或遗传状况的法律，还是阻止某类人群结婚的法律，都曾大获欢迎。

　　康涅狄格州在 19 世纪 90 年代中期通过了美国最早的优生婚姻法。到 1929 年，已有 29 个州禁止精神病患者以及精神发育迟缓者结婚。其中 19 个州还要求夫妇在结婚前接受性病检查。优生婚姻管制确曾是一项全球运动：其浪潮于 1907 年抵达瑞士，1930 年抵达土耳其，并于 1936 年抵达阿根廷。20 世纪 30 年代和 40 年代颁布的日本婚姻政策旨在防止遗传性疾病的传播，而墨西哥 1917 年的《家庭关系法》则禁止酗酒者、梅毒患者以及精神病人结婚。从 20 世纪 20 年代开始，男女双方均获得健康证明后才能在伊朗结婚。法国于 1939 年强制要求进行婚前医学检查。到了 20 世纪 30 年代中期，斯堪的纳维亚各国已普遍推行婚前检查。在斯大林统治时期，苏联禁止精神病患者之间或近亲之间结婚，并要求夫妻在结婚前向对方公开自己的病史。

这些优生原则有时会遇到阻力。20 世纪 20 年代，天主教机构和左翼人士阻止了巴西的婚前健康检查，因为他们认为这是对穷人的攻击。直到热图利奥·瓦加斯（Getúlio Vargas）在 1930 年成为巴西总统时，婚前检查才开始实行。在希腊、捷克斯洛伐克、波兰或中国等政治体制和文化态度大相径庭的国家，优生学家从未获得足够的支持来通过优生法律。1908 年，在葡萄牙禁止酗酒者以及肺结核、心脏病、梅毒、麻风、癫痫患者结婚的努力以失败告终，作为优生法律最早和最广泛的支持者之一，那里的优生学家深感沮丧。

另一种婚姻法则禁止跨种族的结合，这在欧洲殖民地屡见不鲜。在美国，只有哥伦比亚特区[1]和九个州允许跨种族结婚。禁止跨种族结婚的法律在 1967 年"洛文夫妇诉弗吉尼亚州"（*Loving v. Virginia*）[2]一案得到最高法院的判决前一直有效。最为臭名昭著的种族婚姻法可能当属禁止德意志民族血统者与非德意志民族血统者结婚的《血统保护法》[3]，该法律于 1935 年与另一项要求婚前健康检查的法律同时被通过。它们共同强化了纳粹政府对优生生育政策的清晰理解——应用生物学手段重塑德国。虽然种族婚姻法的出现早于优生学，且在优生学未构成社会驱动力的地区也存在，但许多人正是在优生运动中欣然接受了种族婚姻法，并将其与跨种族婚姻的后代更容易继承不

1　美国首都华盛顿所在地区。

2　1958 年，美国弗吉尼亚州的一名黑人女性米尔德丽德·洛文（Mildred Loving）与一名白人男性理查德·洛文（Richard Loving）在哥伦比亚特区领证结婚后回到弗吉尼亚州，警方以违反弗吉尼亚州跨种族婚姻法为名将二人逮捕。二人上诉至美国最高法院，最高法院做出了一项具有里程碑意义的判决：禁止跨种族结婚的所有州法都被视为违反美国宪法第十四条修正案的平等保护和正当程序条款。

3　《纽伦堡法案》（Nuremberg Laws）中的一项反犹太法律。全称为《德意志血统和荣誉保护法》（Law for the Protection of German Blood and German Honour），其禁止具有德意志民族血统者与犹太人结婚（或发生婚外性行为）。

利特征的信念紧密联系起来。

鼓励生育

鼓励生育是最常见的积极优生学方案之一，旨在确保人口健康和稳定的增长。阿根廷是拉丁美洲出生率最低的国家，它于 1934 年率先为妇女提供产假，并于两年后成立了一个服务于生产和育儿的国家机构，其中就包括优生与产科部门。日本、意大利、法国、德国、土耳其、芬兰和苏联等情况迥异的国家也纷纷试行了"生育津贴"，以避免财务问题成为夫妻拥有更多子女的障碍。在 1941 年之后的战争时期，日本家庭每有一个新生儿诞生都能获得20 日元 [1]。波兰优生学会奔走疾呼，支持为拥有多个子女的大家庭减税。减税也是纳粹德国实施的措施——尽管只针对雅利安人家庭。1921 年，哈佛大学的威廉·麦克杜格尔（William MacDougall）建议将工资与家庭规模挂钩，由国家支付。

另一些政治策略完全不同的国家则向生育多名子女的

1　1941 年的 20 日元大约相当于今天的 7 万日元（约为 4500 元人民币）。

妇女颁发"光荣母亲"勋章：法国、德国和苏联等国家在
20世纪30年代都颁发过这类勋章。在芬兰，有四个或四
个以上孩子的妇女可以获得荣誉证书，而日本则奖励有十
个以上孩子的妇女。鼓励生育几乎总是伴随着对母性的赞
美。在伊朗，优生学家宣称没有进行母乳喂养的妇女是国
家的叛徒。苏联以"高产"的妇女为荣，并于20世纪30
年代收紧了离婚法以便将夫妻捆绑在一起 [1]。在以色列，不
论是1948年建国之前还是之后，妇女都被要求多生育来
帮助建立新的国家。

　　优生婚姻咨询中心是健康婚姻运动中一个横空出世、
举足轻重的元素。在日本，渴望婚姻的单身人士利用这些
中心建立健康档案，寻找合适的伴侣，并就一系列婚姻和
健康问题寻求建议。印度的优生组织为婚姻和生育问题提
供信函答疑服务。从20世纪20年代开始，爱沙尼亚、立
陶宛、瑞士和荷兰都提供优生咨询服务。在德国、瑞士以
及美国，健康展会对优生教育进行宣传。在加利福尼亚州，
美国家庭关系研究所的创始人保罗・波佩诺在20世纪50

1　通过限制离婚使妇女的生育更无后顾之忧。

年代通过电视和纸质媒体传播优生理念。波佩诺长期以来一直撰写广受欢迎的《妇女家庭杂志》专栏"能否拯救这段婚姻？"，该专栏将他的影响力拓展到了全国。会有夫妻二人出现在他的电视节目中，表达他们对婚姻的不满并寻求他的建议——千篇一律地劝告女性顺从她们的丈夫。

生育与积极优生学

对孕产妇和婴儿健康（也称为育儿法）的重视带来了母性福利政策，包括医疗援助、产前和产后护理、资金支持以及儿童保护服务。在 20 世纪 20 年代，作为国家努力促进健康孕产的一部分，欧洲、苏联、中国、伊朗以及澳大利亚的产前诊所均为孕妇提供服务。比利时于 1922 年成立了国家优生学办公室，致力于儿童的福利和保护。捷克斯洛伐克的波希米亚地区于 1908 年建立了一个婴儿保护委员会，澳大利亚于 1912 年引入了产妇补贴。1921 年，在联邦政府的资助下美国建立了 3000 个妇幼保健中心。该计划持续了 8 年，只有马萨诸塞州、康涅狄格州和伊利诺伊州从未参与其中。1926 年，墨西哥的家庭健康随访者开始为贫困妇女提供产前护理，产后则由在校的护士帮助照顾她们孩子的健康。虽然这些创新举措为那些条件有限的女性提供了获得医疗保健的机会，有时甚至还提供现金奖励以帮助她们的家庭，但同时也固化了女性的母性角色。

　　环境卫生和个人卫生是这些积极优生学措施不可或缺的组成部分。学校与家庭的卫生以及个人清洁是东欧、美洲以及其他地方公共卫生运动的核心内容。在拉丁美洲，公共卫生和优生学齐头并进，那里的医生们认识到最迫切的需求是根除疾病和改善卫生状况。公共卫生运动的目标是提高住房质量、获得医疗保健以及消除梅毒和肺结核；波兰优生学会的前身就是抗击性病与反对卖淫学会。到1918年，澳大利亚的多个州都要求医生向公共卫生官员报告性病病例。另外，澳大利亚与新西兰、美国一样，是隔离检疫的先锋，以此识别并隔离携带传染病的移民。

　　专注于遗传和健康的优生活动——"婴儿竞赛"取得了巨大的成功。它们于20世纪初在非洲、加勒比地区、拉丁美洲、北美洲、土耳其以及日本等地流行。获奖者可以获得奖杯和勋带，有时甚至可以得到现金奖励。在法国,《体育文化》杂志就组织过这类竞赛,并声称最强壮的父母能生出最健康的婴儿。到 1914 年,"更优宝贝竞赛"几乎已成为美国各州农业博览会上的一大特色。其中大多数是针对美国白人的,在一些情况下甚至仅限于他们。在印第安纳州博览会上,由州政府经费资助的一个精心建造的"更优宝贝展台"为大众提供科学孕产的课程。妇女可以一边阅读有关优生的宣传册,一边让她们的宝宝接受检测。

这些竞赛在美国的流行推动了人们筹办目标更宏伟的"更健康家庭竞赛",它们在很大程度上由美国优生学会主导,并且在 20 世纪 30 年代风靡各州博览会。这些竞赛的过程相当复杂,包括一系列身体和心理测试、尿液和血液分析。参赛者需要详细说明他们的教育、职业、宗教信仰、膳食搭配和运动习惯,以及祖辈数代的健康状况。尽管完成一系列必需的测试需要相当长的时间,但人们对这些竞赛依然趋之若鹜。竞赛的奖品通常是奖牌,以及在当地报纸和优生学杂志上刊登介绍这家人的文章。辛克莱·刘易斯(Sinclair Lewis)1925 年的小说《阿罗史密斯》(Arrowsmith)中讽刺模仿了这些竞赛,书中一个明显不符合优生标准的家庭——满是癫痫、酗酒以及其他被认为具有可遗传（不良）特征的成员——通过勾结一位觊觎政治职位的傲慢的优生学医生而最终赢得了竞赛。

优生学通过展会和大众媒体传播了其生育与卫生的目标。作为社会卫生运动的一部分，柏林于1906年举办了婴儿护理展，向工薪阶层的母亲展示如何照顾孩子。中国基督教青年会以漫画、幻灯片和电影的形式来培训家长。而在日本，始于19世纪80年代初的卫生展的吸引力经久不衰。后来，优生学家转向利用杂志、广播和电视传播他们的信息。古巴产科医生何塞·切拉拉·阿吉莱拉（José Chelala Aguilera）在20世纪40年代主持了关于社会医学的一个杂志专栏和一档广播节目，这与波佩诺在美国婚姻指导方面的努力遥相呼应。一些由政府资助的优生学侧重于妇幼福利，在这些国家中，健康服务的提供者往往也为孕产妇提供第一手信息，强调优生学母道是妇女的责任。

然而，积极优生学并没有广泛的吸引力。批评者担心对扩大家庭规模的强调会鼓励人们不计后果的生育，而那些可以延长不健康人群寿命的福利措施则是以牺牲社会为代价的。在20世纪30年代的德国，*Minderwertigen*一词用以形容劣等、没有价值的人，这些人被戏称为"无用的食客"——他们创造的价值不足以养活自己，因此是国家的负担。为人类生命赋予货币价值的不止纳粹分子——法国医生西卡尔·德·普洛佐勒（Sicard de Plauzoles）在 20 世纪 20 年代写出了一个方程式，通过从人们的生产力中减去维持个人生活所需的成本来确定一个人的价值。各地的优生计划都被鼓吹为可以节约成本的措施。然而，旨在刺激高出生率的鼓励生育运动在大多数地方无论对扩大人口规模还是对降低婴儿死亡率都几乎没有帮助。这种前所未有的对育儿问题的关注倒是为优生学创造了（其他）新的机遇，尽管这些机遇有时不乏争议。

性教育

优生学性教育被认为能促进家庭健康，因此受到了一些优生学家的支持，他们将性教育视为一个影响全民的健康问题。他们声称，对性的无知——消耗性活力的手淫、性病的传播以及不健康后代的诞生——阻碍了优生生育，而适当的性教育能够提高人们的生育责任感。性教育运动始终面临着要与广泛存在的反对者开展艰苦斗争，这些反对者包括忧心忡忡的父母、宗教权威以及担心性教育会鼓励过早性行为的贞洁运动倡导者。

参与性教育运动的人虽不局限于优生学支持者（事实上，性教育运动的参与者经常在优生问题上产生分歧），但在许多地方，优生学家仍是学校正规性教育运动的先锋。在墨西哥和阿根廷，优生学组织和女权主义团体都在竭力推动性教育。在两次世界大战间隔时期，墨西哥公立学校引入了必修的性教育和婚姻健康课程，这获得了医生、教育工作者以及墨西哥优生学会的支持。古巴性学研究所在其流行杂志《性学》（*Sexología*）上开设了一个由医生定期撰写的性咨询专栏。在加泰罗尼亚[1]，无政府主义优生学家声称，性教育将解放工人阶级，让他们可以获得长期以来被剥夺的知识。澳大利亚基督教青年会于 1916 年与优生主义性教育家玛丽昂·皮丁顿（Marion Piddington）合作，赞助了一项"性卫生"讲座活动，听众有男有女。皮丁顿在 20 世纪 20 年代出版了一份指南，向母亲们提供

1　西班牙的自治区之一，首府巴塞罗那。在语言和文化上与西班牙其他地区存在明显差异，经济上对西班牙政府有较高的税收贡献。

教授孩子性知识的建议。总的来说，优生性教育倡导了与性相关的义务与责任，强调健康生育和性节制的重要性，并且劝止手淫、婚前性行为和不负责任的性行为。虽然这些性教育的语调往往是谨慎和保守的，却仍不足以平息反对意见。性教育仍然是一个有争议的话题，而且从未成为优生学改革真正重要的目标之一。

人工授精

在广义的优生运动中，另一个有争议的观点是人工授精。夏洛特·帕金斯·吉尔曼在她 1915 年的乌托邦小说《她乡》中假想了一个无性生殖的社会。第一次世界大战后，由于过多的年轻男性在战时丧生，似乎威胁到了家庭的组建，因此优生学家开始尝试无性生殖方案。英格兰优生学家赫伯特·布鲁尔（Herbert Brewer）在 1935 年创造了"人工授精"（eutelegenesis）这一术语，他宣称："（人工授精）是一种精心设计的创造行为，它与动物盲目交配而繁殖生命的过程不可同日而语。"在 19 世纪中期，人们已经尝试使用"同源的"供体（来自丈夫的精子）对女性进行人工授精[1]。植入第三方精子的新型人工授精方法——供精人工授精（AID）[2]——最初是用来治疗男性不育的，这一方法因人们对战时（男性人口的）损失的担忧而备受推崇。

这些优生学理念在纽约妇科医生弗朗西丝·西摩（Frances Seymour）的工作中体现得淋漓尽致，她倡导为那些充分符合优生条件的夫妇进行供精人工授精。她于1935年成立的国家不育优生缓解研究基金会要求对准父母进行智力测试[3]。1932年，激进的遗传学家 J. B. S. 霍尔丹（J. B. S. Haldane）[4]在演讲《代达罗斯，或科学与未来》（*Daedalus, or Science and the Future*）[5]中构想了一个"体外发育"的未来世界——作为一种改良人类的方式，胚胎

1　又称为夫精人工授精（AIH，即 artificial insemination by husband）。

2　通过供精人工授精而获得的孩子，其社会意义上的父亲不再是生物意义上的父亲。

3　由于是供精人工授精，只需要对妻子以及精子提供者进行智力测试。

4　J. B. S. 霍尔丹（1892—1964），英国科学家，信仰马克思主义，后移民印度。以其在生理学、遗传学、进化生物学和统计学方面的研究而闻名，是现代综合进化理论和群体遗传学的奠基人之一。他引入了"原始汤"理论，建立了生命的化学起源模型，将血友病和色盲的基因定位于 X 染色体上，并提出了关于杂合体中异配性别不育的霍尔丹法则。我国现代遗传学奠基人之一李汝祺曾以客座教授身份在霍尔丹实验室工作。

5　代达罗斯是希腊神话中的著名工匠，用羽毛和蜜蜡制成翅膀用以飞翔。霍尔丹把代达罗斯作为科学革命的象征。

在子宫外生长[1]。美国遗传学家赫尔曼·J. 穆勒（Hermann J. Muller，于 1946 年获得诺贝尔生理学或医学奖）[2] 在他 1935 年的著作《走出黑夜》（*Out of the Night*）[3] 中提出对生殖进行积极的科学干预，"选择性地培育——甚至扩增——那些具备优越遗传特质的胚胎"。许多英国知识分子，包括小说家 C. P. 斯诺（C. P. Snow）[4]、朱利安·赫胥黎与萧伯纳，都对穆勒的计划赞誉有加。尽管获得了这样的支持，与性教育一样，供精人工授精在优生运动中所占的分量依然很少，从未成为广受瞩目的内容。

节育

相比之下，节育是（优生学的）首要问题。19 世纪，

1　在子宫外发育可以实现对胚胎的观察与筛选，因此理论上可以改良人类。

2　赫尔曼·J. 穆勒（1890—1967），美国遗传学家，以发现辐射诱变的生理和遗传效应而著称。曾警示核战争产生的放射性尘埃可能造成长期危害，参与提出了著名的贝特森-杜布赞斯基-穆勒基因不相容模型，用以解释生殖隔离的进化过程，提出穆勒棘轮效应，用以解释生物有性生殖的必要性——突变的积累不可逆，会像棘轮一样只朝向一个方向转动。

3　该书全名为《走出黑夜：生物学家对未来的看法》（*Out of the Night: A Biologist's View of the Future*）。

4　查尔斯·珀西·斯诺（Charles Percy Snow，1905—1980），英国科学家、小说家。提出"两种文化"的概念，认为科学与人文的割裂是世界范围内诸多问题的根源。

随着橡胶硫化技术[1]的成熟，节育技术得到改进，使更为有效、更少侵入性的避孕方法成为可能。20世纪20年代，泡沫杀精剂的引入进一步提高了节育的可靠性。在《走出黑夜》中，穆勒将节育誉为对女性和社会的一种解放。然而，尽管科学技术取得了进步，这些节育产品的分发与销售依然阻碍重重。虽然越来越多的政府声称有权为了国家利益而控制生育，但这并不总是落实为民众可以自由购买避孕产品。事实上，在鼓励生育主义占主导的地方，情况往往恰恰相反：广告和销售的禁令普遍存在，计划生育倡导者因传播节育信息或贩卖节育产品而面临检控。日本和德国分别于1914年和第一次世界大战期间开始禁止对避孕药具的宣传。1920年，由于战后急需开展一场人口再扩大的运动，法国宣布销售和宣传避孕产品均为非法行为。在墨索里尼统治下，推广节育在意大利是一种公诉罪名。澳大利亚和美国实行了法律，限制传播与节育相关的文字资料；而加拿大早在1892年就禁止了节育和堕胎。苏联于1923年将避孕药具的销售合法化，但当1936年斯大林

---

1 硫化过的橡胶具有遇热不变黏、遇冷不易折断等特性，具有较高的弹性和拉伸强度，可用于生产安全套。

转向鼓励生育的政策后，政府又秘密召回了所有避孕用品，从而在事实上再次禁止了节育。在整个 20 世纪，拉丁美洲的节育大多是非法的。战争时期，几乎所有地方都加强了对节育的管控。在朝鲜半岛，1919 年，节育法已放宽，但在抗日战争开始时又恢复了对节育的禁令。1933年希特勒上台时，整个德国的节育诊所都被关闭了。

然而，在经济和社会进步依赖于减小家庭规模的地方，节育确实成为了优生学最具特色的表现形式。在印度，避孕药具逐渐可以被富裕的城市居民所获得，人们将其视为建设更美好印度的有效手段。中国香港的第一家节育诊所于 1936 年成立，为该地区的贫困妇女提供服务。虽然是私人经营，但它得到了政府的默许，因为政府已被迅速增长的人口困扰不已。在其他一些地方，优育胜过多育的观点使节育行动主义获得了优生学家的支持。在某种意义上，正是由于人们意识到波多黎各岛[1]上的不健康人口过剩，才促使节育于 1937 年在当地合法化。

无论节育是否合法，女性都一直在进行这样的实践。

---

1 美国自由邦，位于加勒比海的大安的列斯群岛东部。当地居民为美国公民，但不参与美国总统选举。

只不过专业诊所的发展让节育的手段变得触手可及。到20世纪20年代中期，斯堪的纳维亚各国的节育诊所已蔚然成风。19世纪80年代，阿莱塔·雅各布斯（Aletta Jacobs）在她阿姆斯特丹的诊所为贫困妇女免费提供杀精的子宫托，但1911年的一项荷兰法律禁止了避孕药具的宣传广告。在美国和英国，在医院开始提供专业的节育服务之前，私立的节育诊所就已存在多年。1921年，玛丽·斯托普斯（Marie Stopes）在伦敦北部开设了她的第一家诊所，在这之后过了整整9年，英国的主要医生协会——英国医学会——才开始提倡医生为患者提供节育信息。而直到1937年，美国医学会才跟上了其英国的姊妹组织的脚步。英国圣公会主教在1930年的年会上谨慎地批准了一些节育措施的使用，故意含糊地表示，如果"根据基督教的原则"进行操作，则节育是可以被接受的。1935年，印度孟买的第一家节育诊所在一个工薪阶层地区开业；同年，加尔各答也开设了节育诊所。

　　1916年，美国的第一家节育诊所在纽约市的布鲁克林[1]开业，负责人是玛格丽特·桑格（Margaret Sanger）。印有英语、意第绪语[2]以及意大利语的传单吸引了大批妇女，然而不到 10 天，桑格和她的合伙人就被捕了。在两次试图重新开张未果之后，这家诊所彻底关门了。

最早致力于推动节育的组织其实早于优生学的问世，而它们的原则常常与优生学家发生冲突——后者对节育的支持仅限于预防在优生学意义上的不健康人群的生育。一些优生学家反对节育，认为节育是道德的堕落：将性行为与生育割裂并且鼓励滥交行为。也有一些反对者认为这个问题与道德无关，更多的是关于谁采取避孕措施的问题。英国和美国的第一代优生学家担心，避孕措施正在缩减富裕家庭的规模，而统计数据证实了这种怀疑——出生率下降的绝大多数是富裕家庭。因此，即使节育能够减少不健康人群的生育，但从其同时也减少了健康人群生育的角度来看，节育的结果是反优生的。直到 20 世纪 30 年代，在对公众舆论变化更为敏感的新一代领导层的带领下，世界各地的优生学组织才开始支持节育的主张。在天主教影响

---

1 纽约市五大区中人口最多的一区，于 1898 年划入纽约市。
2 大部分的使用者是犹太人。

力巨大的拉丁语国家，反对的声音主要是出于道德原因。
尽管如此，许多民众依然不顾梵蒂冈[1]的反对而尽可能地
实践着计划生育，直到现在。

　　女权主义优生学家常常强调节育在保证孕产妇健康
方面的价值。她们认为，如果女性可以拉长怀孕的间隔时
间，那么她们和后代都会更加健康。正是因为预见了怀孕
会接连不断，玛格丽特·桑格才称其为"生物奴役"。倡
导优生原则无疑是扩大女权主义自身所获支持的一种方
式，但许多关注种族优生的女权主义者也由衷地相信优生
是一种向善的力量。对桑格来说，节育不仅可以让女性摆
脱无休止的怀孕，还能减少不健康的生育。她在1921年
写道："现今最迫切的问题是如何限制和劝阻身心缺陷者
的过度生育。"

堕胎

　　与避孕一样，堕胎是另一种妇女常常不论其是否合
法都要尝试的选择。关于其在生育管理中的作用，在优生

1　世界上领土面积最小的国家，位于意大利首都罗马的西北角。为天主教
　最高领袖教宗的驻地。

领域内也存在争议。无论是道德上左右为难的心理，还是优生上的鼓励生育主义，都限制堕胎——禁止堕胎的国家远多于允许的国家。20世纪初，世界各国常常会收紧堕胎政策。朝鲜半岛（1912年）、法国（1923年）、土耳其（1926年）和意大利（1935年）等都加强了对寻求堕胎的妇女以及提供堕胎服务者的处罚力度。在20世纪40年代，西班牙加重了对堕胎的惩罚；而在被纳粹占领的法国，堕胎甚至成了一种死罪。在列宁领导下，堕胎在苏联一度是合法的，但为了扩大人口规模，在1936年堕胎再次被宣布为非法。

与此同时，人们对出于优生原因而堕胎——消极优生学的一个典型——的容忍度反而提高了。为了提高出生率，希特勒于1933年将堕胎定为违法，但是到了1935年，法律又允许了终止有缺陷胎儿的妊娠——只要该妇女同意同时进行绝育，以防止孕育出更多不健康的胎儿。斯堪的纳维亚各国和瑞士的情况也与此类似。在整个欧洲，优生堕胎——当遗传性疾病可能被传给后代或检测发现胎儿确实存在问题时——逐渐被接受，并在瑞士沃州（1931年）、波兰（1932年）和拉脱维亚（1933年）等地逐渐成为法律。

在纳粹占领时期，挪威医学会曾于 1940 年建议将妇女在经济或社会困难情况下的堕胎（即非优生堕胎）合法化。尽管一度被纳入考虑，但于 1943 年通过的法律只允许优生堕胎。只有日本允许当妇女健康受到社会或经济威胁时的堕胎。1948 年的《优生保护法》（不管名字怎么叫[1]）允许优生保护委员会根据上述原因批准堕胎。1952 年，日本采取了一项极不寻常的举措——不需要任何许可，妇女可以随心所欲地终止妊娠——这是世界上第一部关于自由堕胎的法律。在 20 世纪 60 年代和 70 年代，这类法律变得更加普遍，并且随着与"女性自决权"联系的加强而与优生学渐行渐远。

安乐死

对于堕胎的疑虑同样存在于安乐死政策的讨论中——许多人认为安乐死与堕胎一样存在根本性的道德风险。支持者对安乐死进行了分类：绝症患者的自愿安乐死以及对

---

1 1996 年进行了修改，改名为《母体保护法》。

"无价值者"的强制安乐死。1906 年，美国俄亥俄州和艾奥瓦州都对这一问题进行过辩论，但均没有通过安乐死法律。艾奥瓦州的法案赞成对绝症患者实施安乐死，并允许父母终止他们"畸形得骇人听闻或愚蠢得无药可救"的孩子的生命——这无疑是一种优生学推论。优生和非优生的安乐死都引起了公众的关注。大约在同一时期，芝加哥产科医生哈里·海塞尔登（Harry Haiselden）公开阐述了他不治疗畸形婴儿的优生学逻辑。他在 20 世纪 10 年代通过炒作寻求公众的关注，甚至在 1917 年的无声电影《黑鹳》（*The Black Stork*）中出演自己，通过电影记录自己的所作所为。1920 年，卡尔·宾丁（Karl Binding）与阿尔弗雷德·霍赫（Alfred Hoche）合著的《对摧毁无价值生命的许可》（*The Permission to Destroy Life Unworthy of Life*）一书进一步提出了结束那些无价值和无生产力的生命的想法，并迅速成为优生安乐死的信条。

然而，很少有国家愿意在安乐死问题上进一步冒险。即便是希特勒，也是等到 1939 年才开始实施主要针对身心障碍者的强制安乐死计划——T4 行动（Aktion

T4）¹——尽管纳粹医学游说团²很早之前已就此施加压力。德国 20 世纪 30 年代初起草的安乐死法案并未通过，之后也没有任何将安乐死合法化的法案获得通过。尽管如此，在官方层面的 T4 行动结束时（1941 年），已有约 7 万人被实施了安乐死，他们大多数是被关押在医院和收容所的病人。其中至少有 5000 名儿童，父母得知的往往是关于他们死亡的虚假信息。尽管后来在天主教会和舆论的压力下这一行动在官方层面中止，但杀戮并未停止，只是转入地下，成为更普遍的战时杀戮的一部分。³许多 T4 工作人员转移到位于贝乌热茨、索比堡和特雷布林卡的集中营，在那里，他们在大屠杀方面的"专长"受到了欢迎。在立陶宛和爱沙尼亚，分配给精神病院病人的口粮被削减，他们实际上是被活活饿死的——那些被宣传为无法挣得面包的"无用的食客"⁴最终亲身上演了这样的悲剧。

---

1 纳粹德国通过强制安乐死进行了大规模屠杀，T4 是二战后对这一行动的称呼。T4 是"Tiergartenstraße 4"（蒂尔加滕街 4 号）的缩写，这里曾是德国治疗与院内护理慈善基金总部所在地。
2 通过政治游说影响立法者或政府官员决策的人员。游说团可能是公益的，也可能是利益集团雇佣的。
3 在非官方层面，T4 行动一直执行到 1945 年纳粹政权瓦解。
4 与本章"生育与积极优生学"一节中提到的德语词汇 *Minderwertigen* 相呼应。

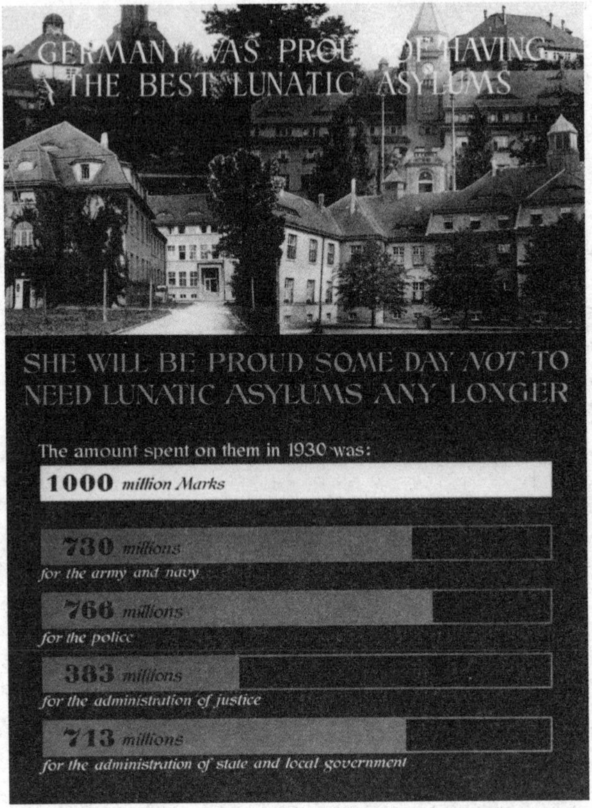

图 6. 由德累斯顿德国卫生博物馆的布鲁诺·格布哈特（Bruno Gebhard）
策划的 "新德国的优生学" 展览于 1934 至 1943 年间在美国巡回展出，
重点介绍了德国的种族优生计划与纳粹实施的优生措施。这个展牌
自豪地表达了旨在防止不健康人群怀孕的新法律节省了政府在收容
所上的支出。[1]

1　上面写着："德国曾自豪拥有最好的收容所，她将为有一天不再需要收容
所而感到自豪。"下面列举了国家于 1930 年的各项支出：收容所为 10 亿帝国
马克；陆军和海军为 7.3 亿；警察为 7.66 亿；司法为 3.83 亿；国家和地方政府
为 7.13 亿。

尽管德国的安乐死政策自始至终都饱受诟病，优生安乐死在其他地方却不乏倡导者。美国著名的神经病学家福斯特·肯尼迪（Foster Kennedy）虽然反对针对绝症患者实施安乐死，但他却在 1942 年呼吁对"大自然的错误"[1]实施安乐死。这是一个非常糟糕的倡导优生安乐死的时机，因为此时此刻德国正在以种族、宗教、遗传等原因为借口积极推行安乐死，以此来对付那些"政府的敌人"。

优生绝育

尽管与安乐死同样具有争议，绝育却取得了更广泛的成功——无论是强制的还是自愿的。绝育一直以来都是最受认可的消极优生措施。倡导者对绝育进行了区分：优生性的、治疗性的（由于健康原因）和避孕性的。一些优生绝育法针对的是那些"性变态"。加利福尼亚州曾经允许对"道德堕落者"以及"遗传缺陷性的性变态"实施绝育。绝育通常被称为无性化（无性化这个术语也可能指去势[2]，

1　意为在自然界本不该出生的、存在遗传缺陷的个体，区别于由于后天因素而患绝症的人。

2　切除睾丸或卵巢。相比之下常见的绝育只需要结扎输精管或输卵管。

尽管这个意思的使用频率较低，但并非完全没有），特别是在其出现早期。绝育最早的用途之一是遏制手淫。1899年，印第安纳州杰斐逊维尔少管所的一名监狱医生哈里·夏普（Harry Sharp）开始使用输精管切除术治疗犯人的手淫。夏普的实验是印第安纳州 1907 年法律的先驱——该法律首次在美国将强制绝育合法化。此时，许多地方的医生已经开始谨慎地尝试使用绝育手术来治疗癫痫和其他疾病，并用以防止智力低下者的生育。在阿根廷，虽然得到了医学界和法律界的大力支持，绝育却依然是非法的。即便如此，绝育在精神病院中依然普遍存在——这与美国、瑞典和芬兰等地绝育合法化之前的情况类似。芬兰从 20 世纪初开始对被收容人员实施绝育；而在瑞士，精神科医生奥古斯特·福累尔（Auguste Forel）在 19 世纪 80 年代对具有暴力倾向的患者进行了绝育手术，并声称曾用这种手术治愈了一名患癔症[1]的 14 岁女孩。收容所等机构中的被关押者更容易受到绝育的侵害，因为这通常是获释的前提条件。优生绝育主要针对那些智力低下或有

1　因急性精神刺激或强烈情感反应引起的情绪失控，是一种常见精神疾病。

认知障碍的人群，癫痫、遗传性聋哑、精神分裂症、酗酒或其他精神病的诊断都可能成为一个人被绝育的理由。优生绝育是基于这样一种信念：单个孟德尔性状[1]可以通过对该基因的携带者进行绝育而消除。

在两次世界大战间隔时期，大多数绝育是优生性的，而其中很多又是强制性的。最臭名昭著的当属希特勒上台后不久颁布的绝育法案——既在于它的强制属性，也在于在该法律的权威下被绝育人口的数目之巨。这一1933年颁布的《遗传病病患后代防止法》设立了用于裁处绝育令的遗传学健康法院。在这些绝育令下，至少有37.5万人被实施了绝育手术——通常被称为"希特勒切"（Hitlerschnitt）[2]。虽然官方说法中绝育针对的是有遗传问题和畸形的人群，但混血儿童、犹太人以及吉卜赛人[3]也常常被强制绝育。德国并不是唯一一个针对种族进行强制绝育的国家——瑞典也对流浪生活的吉卜赛人（*Tattare*）进行了绝育，而在美国的部分地区，少数族裔比白人更有可

---

1 由单基因控制的性状。而绝大多数精神类疾病都是多基因控制的，且常常是隐性的，因此这个观念并无科学依据。
2 属于当时流行的一个行话或隐语。
3 吉卜赛人，遍及世界各地的流浪民族，自称为罗姆人（Romani），源自印度北部。"吉卜赛人"这一称呼被一些罗姆人认为存在贬义。

能被绝育。

尽管德国的绝育法得到了更大力度的执行，但它在很大程度上是借鉴了其他国家的先例，尤其是美国，在那里有超过 30 个州于 1907 至 1937 年将优生绝育合法化。加利福尼亚州、康涅狄格州和华盛顿州于 1909 年通过了绝育法，艾奥瓦州、内华达州和新泽西州（由当时的州长、后来当选为美国总统的伍德罗·威尔逊批准）于 1911 年通过绝育法，纽约州则是在 1912 年。然而，在新泽西州和艾奥瓦州，新法因被裁定违宪而失效[1]。在另一些州，绝育法几乎从未被执行——内华达州没有绝育手术的记录，亚利桑那州则只有 30 例。而在其他州，这类法律有很多直到 20 世纪七八十年代才被废除，绝育手术在此期间一直在实施——二战结束很久之后依然如此。对绝育法使用最为激进的当属加利福尼亚州（超过 2 万例）、弗吉尼亚州（8000 例）和北卡罗来纳州（近 7000 例）。堪萨斯州、密歇根州和佐治亚州各有约 3000 人被绝育。斯堪的纳维亚各国有超过 10 万人做了绝育手术；到 1938 年，所有斯

1　在美国宪法审查体制中，原告可以以违宪为由针对特定的法规提起诉讼，从而使其失效。

堪的纳维亚国家都有了绝育法，尽管它们都坚称患者是自愿绝育的，与其邻国德国的强制绝育天差地别。斯堪的纳维亚各国的绝育法规得到了各政治派别的广泛支持。虽然这些绝育法规都强调了手术需要得到患者的同意，但医生其实可以对那些没有能力表达同意的人合法地实施绝育手术。

绝育法的通过是多年来优生学政治游说的产物。例如，芬兰在 1912 年就率先考虑了绝育立法的可能性。在德国，早在纳粹主义出现之前，对智力低下者的绝育就已得到了大力支持。颇具影响力的人类学家欧根·菲舍尔（Eugen Fischer）曾在 20 世纪 20 年代提出对德国的混血儿进行绝育，而从 1913 年开始，地方和中央政府都试图将绝育合法化；就在希特勒上台前几个月，德国议会还在审议一项绝育法案。1932 年，德国教会的一个附属机构（尽管关系松散）——新教徒国内传道团[1]为自愿绝育的原则背书。

虽然美国、德国和斯堪的纳维亚各国是实施优生绝

---

1 德文为 *Innere Mission*，属于德国福音主义运动，由约翰·辛格·威彻恩（Johann Hinrich Wichern）于 1848 年建立。"国内"一词反映出其传道是在一个国家范围内的——一般认为传道是在国外。

育力度最大的国家，但它们绝非个例。加拿大最西部两个省——艾伯塔省和不列颠哥伦比亚省分别于 1928 年和 1933 年通过了绝育法，日本（1948 年）、爱沙尼亚（1937 年）和瑞士沃州（1928 年）也曾通过绝育法。在墨西哥的韦拉克鲁斯州，州长阿达尔贝托·特赫达（Adalberto Tejeda）在洛克菲勒基金会的帮助下，于 1932 年推行了一系列积极与消极并行的混合优生措施。除了性病控制、育儿法推广与疾病根除外，特赫达还将精神病患者和精神发育迟缓者的绝育合法化。在优生学组织的游说下，全球许多国家——波兰、罗马尼亚、英国、荷兰、中国、澳大利亚，甚至鼓励生育主义盛行的法国——都认真考虑过绝育法。

1937 年美国的两项民意调查结果都显示，绝育法受到了民众的广泛认可。《财富》（Fortune）杂志报道称，66％的受访者支持现有的绝育法；而盖洛普民意测验 [1] 显示，84％的人赞成对慢性精神病患者的绝育。1933 年《纽约时报》（New York Times）的一篇社论质疑了德国新绝育

1　盖洛普民意测验调查并跟踪公众对政治、社会以及经济问题（也包括敏感或有争议的话题）的态度。

法的科学基础，但同时认为美国的类似政策是无害且人道的。1927年罗马尼亚《优生学期刊》（*Eugenics Journal*）的第一期就刊登了一篇委托美国绝育政策制定者之一的哈里·劳克林（Harry Laughlin）撰写的文章。1930年，由赫伯特·胡佛（Herbert Hoover）总统召开的"白宫儿童健康会议"宣称，推进优生绝育对于美国人的福祉至关重要，这一观点获得了来自各政治派别的广泛支持。

然而无论何时何地，大量的反对声音从未间断。抗议很多来自天主教会，但教会并非唯一的来源，也不是所有的天主教徒都反对绝育。即使在满腔热忱的优生学家中，仍有许多人不相信绝育是一个明智的政策；美国的查尔斯·达文波特（Charles Davenport）尽管是个热忱的优生主义支持者，但认为更好的做法是隔离，而不是绝育。而正是他的同事——优生学档案办公室的负责人哈里·劳克林，为绝育政策进行了最为有力的游说。虽然成立于20世纪30年代中期的国际拉丁优生学联合会认为绝育对个人利益意味着过大的牺牲，但许多拉丁语国家的绝育倡导者却对此展开了辩论，其中包括多位著名的优生学家：法国的夏尔·里歇（Charles Richet）、巴西的雷

纳托·克尔（Renato Kehl）以及罗马尼亚的伊万·曼柳
（Ioan Manliu）。

绝育与法庭

    绝育的反对者在纽约州、俄勒冈州、印第安纳州和内
华达州等美国差异巨大的地区都曾经取得过胜利，尽管这
些胜利往往是短暂的。例如，俄勒冈州曾于1913年通过
公决投票成功废除绝育法，然而4年后立法者又通过了另
一项绝育法，后者直到1983年才被废除。在内华达州和
其他一些地方，对绝育的禁令则始终存在。但在美国东部
的弗吉尼亚州法庭辩论最为激烈。

    在 1924 年通过绝育法之前，弗吉尼亚州的监狱和收
容所中的强制绝育就已非常普遍，尽管它的合法性曾受到
质疑。1917 年，乔治·马洛里（George Mallory）起诉林
奇堡市弗吉尼亚州收容所[1]的主管艾伯特·普里迪（Albert
Priddy），原因是他对马洛里 15 岁的女儿杰茜（Jesse）和

---

1   全名为 The Virginia State Colony for Epileptics and Feebleminded，即第二
    章提到的弗吉尼亚州癫痫患者与智力低下者收容所，现在被称为 Central
    Virginia Training Center，即中弗吉尼亚培训中心。

妻子威莉（Willie）实行了绝育手术。尽管普里迪最终赢得了这场官司，但被搞得焦头烂额。因此，当 1924 年绝育州法通过后，他希望借诉讼验证该法的合宪性[1]。1924 年 6 月，刚生下一个孩子的 18 岁女孩卡丽·巴克在林奇堡被收容，而她的母亲之前已被收容在那里。作为贫穷的白人家庭，巴克家是典型的可能被实施绝育的弗吉尼亚人。在其他一些地方，例如北卡罗来纳州和加利福尼亚州，少数族裔在绝育人群中往往比例畸高；但在弗吉尼亚州，贫困和受教育程度低的白人是绝育法的主要目标。

在普里迪看来，母女俩同时被收容，说明了她们有遗传性的智力低下和道德缺失。他开始求证卡丽的女儿——现在由卡丽的养父母照顾（事实上就是他们的侄子强奸了卡丽并导致她怀孕的[2]）——也是智力低下。卡丽有一个胞妹多丽丝（Doris），她们的母亲艾玛（Emma）在 1920 年被收容在弗吉尼亚州收容所，其心智年龄被测定为大约 8

---

1 在美国式司法审查的语境中，"测试性案件"（test case）通常指法律界或利益集团为检验或挑战某些法律条款的合宪性而在法院提起的诉松。在这类诉讼中，法院——特别是联邦最高法院——可能结合案件事实对相关法律的合宪性做出裁决，并形成有权威先例效力的司法判例。

2 卡丽由于母亲被收容而被寄养，寄养家庭在卡丽生下一女后将其送到收容所，有说法认为此举是为了掩盖卡丽被强奸致孕的事实，以维护其家庭声誉。

岁。而卡丽的心智被认为只有 9 岁，不久后多丽丝也同样被诊断为智力低下而被送往收容所。我们对卡丽的父亲弗兰克（Frank）的信息知道得并不多，只知道艾玛·哈洛（Emma Harlow）于 1896 年与他结婚并一直保持夫妻关系直到他去世。尽管医院的多次分娩记录都明确写着艾玛·巴克（Emma Buck）[1] 已婚，但法庭却将其描述为未婚母亲[2]。

类似这样的不准确性是这个案件法庭诉讼的常态，对巴克家女性的大部分不利证词都是来自有关这个家庭的传闻与谣言。对卡丽的孩子维维安（Vivian）的不利说法来自一名红十字会护士，而她唯一能说出的只是在 8 个月的时候这孩子似乎"不太正常"。当时法庭指定给卡丽的律师[3] 欧文·怀特黑德（Irving Whitehead）是普里迪的朋友，甚至还是对方律师奥布里·斯特罗德（Aubrey Strode）的密友。阿瑟·埃斯塔布鲁克（Arthur Estabrook）是该案主要的专家证人，也是当时最杰出的优生学家之一。他对还

---

1 即艾玛·哈洛，西方文化中婚后妻子随丈夫（弗兰克·巴克）姓。
2 以显示其"道德堕落"。根据普里迪的说法，卡丽的母亲艾玛有卖淫和不道德的记录——她有三个孩子，但父亲是谁并不清楚。
3 当被起诉人无法负担律师费用时，法庭为保证其权益，会提供免费的律师。

是婴儿的维维安、艾玛和卡丽做了一些检查，采访了她们的亲属，然后就告诉法庭他发现了一种由母亲艾玛遗传下来的"缺陷血统"。而从未见过巴克家族成员的哈里·劳克林通过书面证词支持了埃斯塔布鲁克的结论，他引用自己几年前起草的《绝育示范法》[1]，称卡丽是"社会能力不足或有缺陷后代的潜在母体"。在审判期间完全没有提及强奸事件，卡丽的养父母也没有出庭。简而言之，该案件就是由普里迪、斯特罗德及他们的拥护者精心导演的一场戏，他们坚信优生绝育是一件至关重要的社会和生物学工具。

然而，对弗吉尼亚州绝育法的支持者来说，在州法院打赢这场官司并非重点。他们的目标是制造一个无法被成功上诉的案件，这就意味着要精心设计一个美国最高法院能够并且将会支持的案件。因此，弗吉尼亚州的审判结果是预料之中的定局——对卡丽实施绝育被判定合法，现在是时候把这个案子提交到最高法院审理了。在最高法院

1　示范法案通常旨在作为后续立法的指南。在美国，它通常不是完全按照正式法律形式制定的，而是提供给各州立法机构的建议，以据此制定各自正式的法律。

审理此案的大法官中，有两位——首席大法官威廉·霍华德·塔夫脱（William Howard Taft）和小奥利弗·温德尔·霍姆斯——支持出于优生原因的绝育。正是霍姆斯在 1927 年的巴克诉贝尔案的判决中，写下了那异乎寻常的简短判决意见 1。（1925 年普里迪死于霍奇金淋巴瘤后，贝尔成为收容所的主管。）但这一观点被普遍认为是霍姆斯最没有说服力的判决之一，既因为它基于道听途说，也由于它过于简短。当时只有一位大法官持反对意见，即天主教徒皮尔斯·巴特勒（Pierce Butler），但他并没有写出自己的反对意见。霍姆斯认为，与士兵们在战场上所冒的风险相比，放弃一个家庭所付出的牺牲显得微不足道——不能任由那些因自己的社会能力不足而掏空国家金库的人将健康人群拖入泥潭。既然可以通过强制接种疫苗来预防疾病，那么在他的逻辑推理中，通过绝育来防止不良基因的遗传也是正确的。卡丽·巴克于 1927 年 10 月正式被绝育，然后从收容所获释；不久之后她的妹妹多丽丝也被绝育了。由于无法怀孕，她们的"遗传威胁"得到了控制。

1　即"三代智障已经足够了"，见第二章"道德风险"一节。

最高法院的判决让已有绝育法的各州扩大了绝育的实施范围，也推动了尚无绝育法的其他各州通过类似的法律。关于 20 世纪 30 年代正在德国发生的不幸事件的新闻丝毫没有阻止美国推动绝育的步伐。1927 年的这一裁决为反对派的关键法律论点关上了大门。法院并没有谴责强制绝育是残酷且非常的刑罚 [1]，而普里迪及其支持者则从马洛里案的审判中汲取了教训，谨慎地操作以确保不违反正当程序。反对论点——仅仅将绝育法应用于被收容者违反了美国宪法第十四条修正案的平等保护条款——被霍姆斯否定了，尽管多年前正是根据这一论点，新泽西州的绝育法遭到推翻。

对绝育的反对

尽管遗传学家的疑虑并没有影响到 20 世纪 20 年代的法律博弈，但是他们中的许多人对绝育能否减少人群中的遗传缺陷表达了质疑。日本遗传学家驹井卓（Komai Taku）[2] 认为绝育毫无价值。美国生物学家雷蒙德·珀尔

1　英文中"cruel and unusual punishment"这一表述出自美国宪法第八修正案。
2　驹井卓（1886—1972），日本动物学家、遗传学家、进化生物学家。

（Raymond Pearl）估计，通过绝育解决遗传缺陷差不多需要一个世纪的时间。英国遗传学家雷金纳德·庞尼特的计算更不乐观：需要 8000 年的时间。最有力的反对依据是哈迪-温伯格（Hardy-Weinberg）原理 [1]——人口中等位基因频率的数学证明，在 20 世纪 10 年代已为群体遗传学家所熟知，其确定无疑地证明了绝育在降低精神障碍发生率方面是无效的 [2]。尽管在 1927 年美国最高法院的判决中没有发挥作用，但这一证据促成了科学家对强制性绝育日益高涨的反对态度。

医生虽站在优生绝育运动的最前沿，但其中许多人也对此心存疑虑。美国医学会对优生绝育背后的科学依据提出了质疑。《美国医学会杂志》的编辑莫里斯·菲什拜因（Morris Fishbein）对 1935 年《纽约时报》的一篇文章的科学性提出了质疑，他引用了前一年英国发表的一份质疑绝育手术科学基础的报告。该报告建议，可以为那些认为自己的家族病史已到了需要绝育地步的人提供手术，但

1　在一个"理想"生物群体中（群体无穷大、无自然选择、无迁移、无突变以及个体随机交配），只需经过一代，等位基因频率与基因型频率就会达到稳定的平衡状态。

2　哈迪-温伯格原理无法提供这样的证明，此处疑为作者的误解。

坚决反对强制绝育。绝育法在英国被否决，不仅因为缺少来自英国医学会的支持，也因为英国天主教徒的强烈反对，还因为工人运动[1]对其持反感态度。在日本，关于绝育法的阶级对抗也很强烈，甚至在美国也是如此。辩护律师雅各布·兰德曼（Jacob Landman）虽不对所有的绝育手术都持反对态度，但他仍在 1934 年为《科学美国人》（*Scientific American*）[2]撰稿时警告不要将绝育作为一种阶级武器。他写道，"大学毕业生……以及'名人录'[3]中的人……就一定是……优秀的……父母"，而相比较下"看门人和清洁工……就一定是白痴和蠢货"——"这都是错的"。

宗教对绝育的反对非常强烈，其中又属天主教的反对最有影响力。这种反对在 1930 年教皇颁布通谕《圣洁婚姻》，重申对节育和绝育的反对之后，再次掀起声浪。在美国俄亥俄州和加拿大东部省份，来自天主教的反对者扼

1　工人运动又称劳工运动，是工人反抗资本主义压迫而组织的、旨在保护工人权益的运动，现今广泛实施并让人习以为常的周末双休日、最低工资、带薪休假以及一天八小时工作时间都是工人运动的成就。

2　《科学美国人》是著名的科普杂志，为大众介绍科学理论与科学新发现。包括爱因斯坦在内的许多著名科学家都曾在该期刊发表过文章。

3　该系列出版物的全名为"Who's Who in America"，即"美国名人录"，通常是关于知名人士的简明传记。

杀了绝育的政治游说。而加拿大的不列颠哥伦比亚省和艾伯塔省只有少数天主教徒，那里就存在绝育法。1937 年，教皇庇护十一世公开谴责纳粹绝育法。1930 年，法国医生让·皮埃里（Jean Piéri）曾写过一本关于教会和优生学的书籍，他宣称绝育与法国传统相悖，与天主教教义和法国鼓励生育主义背道而驰。一年后，《意大利刑法典》也谴责了绝育这种做法。美国自由派天主教徒约翰·瑞安（John Ryan）称绝育"在处理社会问题时，可能是有史以来最为肤浅的方案"。然而，天主教的反对未能阻止 1937 年在美国管辖的波多黎各岛上通过绝育法与节育法。天主教游说团虽然确实强行促成了一个法律的测试性案件，但结果无济于事。强制和自愿绝育都被宣布为合法，波多黎各妇女常常沦为新避孕方法的测试对象。

性别和绝育

1929 至 1977 年间在美国北卡罗来纳州进行的绝育手术中，约 85％的手术对象是女性。到 1955 年，波多黎各将近 17％的育龄妇女接受了绝育手术。在瑞士沃州，大约 90％的绝育对象是女性，这一性别倾向与优生学赋予女性的生殖角色是一致的。

就男性而言，促使他们被绝育的有时不是认知能力，而是刑事定罪。被判犯有性犯罪（包括同性恋）的男子经常被绝育。而在美国俄克拉何马州，1935 年通过了一项法律，对被三次定罪的重罪犯实施绝育[1]，这刺激了一些男性囚犯试图去推翻该法律。像巴克案一样，1942 年斯金纳诉俄克拉何马州一案（*Skinner v. Oklahoma*）被提交至美国最高法院。最高法院裁定，该法律对白领重罪犯[2]和定罪少于三次罪犯的绝育的豁免违反了平等保护条款的要求，但并未质疑绝育本身的合宪性。

与节育和性教育相比，绝育更具争议性，也更为成功。无论是在法律上还是在社区中，消极优生学的强制属性通常使得它比积极优生学更行之有效。保罗·波佩诺

1　后来演变为"三振出局法"（名称来自棒球术语），并被广泛使用：对于第三次及以上的重罪累犯（或有暴力重罪等前科）处以终身监禁，不得假释。《美国联邦法典》对重罪的定义为法定刑下限至少 1 年有期徒刑的罪名。
2　白领犯罪指的是以取得钱财为动机的非暴力犯罪，如企业犯罪、经济犯罪等。

在 1935 年的《论坛》（*The Forum*）杂志[1]上声称："国家有权在必要时通过强制绝育保护自身的利益。"在许多地方，这一观点推动了政治家、公共卫生官员、产科医生等人士的游说，不仅仅是为了支持强制绝育的主张，更多的是为了从广义上展示在生育问题上国家利益应该占主导地位。正是这一点确保了优生学的成功，并且让它在即使没能通过优生立法的地方依然饱受关注。

1　于 1885 年创立的美国杂志，1950 年停止出版，其最著名内容为专题讨论——就当代政治或社会问题的各个方面进行辩论。

第四章

优生学中的不平等

优生优育的终极理想是改善生活，根除疾病与残疾，并提高繁育效率。这种对幸福健康的憧憬解释了为什么优生学不但吸引了保守派，也同时吸引了很多的政治左派。对于那些有着社会主义梦想的人来说，优生学通过应用科学为穷人和受压迫者带来了拥有更美好生活的希望。然而，在实践中优生学往往强化而非消除现有的阶级偏见。在生育力和生活方式上受到攻击的常常是穷人、受教育程度较低的人以及少数族裔，性行为受到严格管制的是女性而非男性。出生率在发达国家不断降低，而在其他地区则不断升高，这种差异造成了优生政策中的种族不平等。从优生学的角度来看，穷人和有色人种生育过多，富裕的欧洲人和美国白人则生育得不够。由于"劣等人"生育得比"优等人"多，优生优育成了无本之木。因此，阶级、性别和种族差异都是优生学所关注的焦点。

种族优生与"民族／国家"¹的观念

种族优生（德语 *Rassenhygiene*）一词，主要使用于 20 世纪初的欧洲，是优生学的同义词。德国生物学家阿尔弗雷德·普勒茨（Alfred Ploetz）创造了这一词汇来描述他的优生学愿景：通过医学手段，避免不良的遗传因素对民族造成削弱。种族（race）²一词可以有很多含义，并且在使用中常常过于模糊和空洞。它可能意味着不同地区人们身体外在的差异，但常常仅指人类。在 20 世纪初期，它还经常被用来代替"民族"这个词。（因此，在民族国家里）保持种族的纯洁性或优越性被誉为一项国家责任，

1　Nation 一词源于拉丁语"他出生的地方"，由共同的语言、领土、历史、种族和文化所形成。其现代含义来源于民族自决自治的思潮和民族国家（nation state）的诞生。在一个民族国家中，大多数人属于同一民族。在这种"一个民族、一个国家"的观念下，nation 同时具有了国家和民族的双重内涵。本书为便于理解，nation 大多数情况下根据上下文翻译为民族或国家。

2　英文中 nation，ethnicity 以及 race 这三个词都包含民族、族裔或种族的意思。一般而言，nation 偏向于政治意义，多指一国范围内的族群，ethnicity 偏向于文化意义，多指一国之内具有不同血统和文化的族群，race 偏向于生物学意义，多指从体质人类学角度划分的群体（现在一般认为种族概念在生物学上没有意义）。

是保护国家免受威胁的极其重要的手段。遗传学家和优生学家弗里茨·伦茨（Fritz Lenz）声称："所有政治的核心使命都是种族优生。"

在英国，这些观点在呼吁"国家效率"时得到了体现。1904年的一个政府委员会发现，从穷人中招募来的新兵往往没有健康的体魄。在这个拥有庞大版图的帝国，军力不足引起了恐慌，这为优生学打开了一扇大门，让它成为解决国家重要问题的手段。第一次世界大战引发了一系列政治动荡，在东欧和东南欧新成立国家中，许多人突然发现自己变成了遭受歧视的少数族裔。例如，在1918年独立的拉脱维亚，优生学家致力于减少"劣等的"非拉脱维亚族人口，以提高种族的"纯洁性"；在20世纪40年代，纳粹德国通过一个激进的安乐死方案推动了这一使命。1905年，当普勒茨和他的同事在柏林建立了第一个正式的优生组织——种族优生学会时，他们宣称的目标是保护和改善这个国家。然而，在几年之内，就出现了将会员资格限制在"白人"中的举措，甚至有更激进的会员提议将资格仅仅限制在北欧人中。1909年，为了让提议通过，学会做出了妥协，仅将那些有色人种拒之门外。这一划分模棱两可：犹太人和斯拉夫人最初曾被接纳为会员，但到了 20 世纪 30 年代，他们又被踢出了种族优生学会和该地区的其他优生组织。

所有这些对于种族的理解方式不仅在文化和社会意义上，而且在生物学意义上给出了国家的定义。在这种种族和优生的解读下，国家具有可供识别的身体特征，可以通过生物和医学的方法来强化其边界与界限。鉴于生育在优生学和国家建设中的核心地位，当从生物学的角度来定义一个国家时，不仅是种族歧视，连性别歧视也变得理所当然。

性别

1915 年，阿根廷儿科医生恩里克·法因曼（Enrique Feinmann）声称："女人将成为新时代的仙女。她的人类苗圃将成为一个盛放的无边花园，这些孩子……足迹遍布这个地球，使它更美、更好。"这篇语言夸张的散文传达了一个明确的信息，关乎女性不仅是自己孩子的母亲，也是社会、国家和未来的母亲：女性只有通过她们的生育功能，才能最好地服务于国家。优生学对女性的主流观点是，她们最适合在家抚养孩子，而男性则外出工作来养家糊口——尽管玛格丽特·桑格等优生女权主义者希望有计划的生育能将女性从无休止的家庭劳动中解放出来。

虽然节育可以为女性带来更大的自由，但优生学大多提倡将女性的生物学功能放在首位。芬兰 20 世纪初曾禁止女性上夜班，该政策广受欢迎，但不是作为社会改良的一种手段，而是作为一项重要的优生措施。美国小说家夏洛特·帕金斯·吉尔曼谈到了女性作为"人的制造者"的"对种族不可估量的重要性"。而在 20 世纪 20 年代的南斯拉夫，军医弗拉迪米尔·斯塔诺耶维奇（Vladimir Stanojević）呼吁女性"牺牲和奉献"自己。这些崇高的理想暗示，如果女性不这么做，就是将个人利益凌驾于国家利益之上。而与其对立的另一个极端是，随意或不负责任的生殖又会让国家面临衰退的威胁。尽管优生运动在一些地方普及了安全可靠的避孕措施，但其对妇女生活的主要影响是在健康人群中倡导"母性"，在不健康人群中预防"母性"，而不是在婚姻、家庭和生育方面给予妇女独立选择的权利。

在罗马尼亚、比属刚果[1]、埃及、法国、阿根廷等情况迥异的地区，鼓励为国家的昌盛进行生育——积极优生学的基础——是一股强大的力量。这种积极优生学是通过宣传、开设诊所、减税以及现金补贴实现的。葡萄牙医生坎迪多·达·克鲁斯（Candido da Cruz）声称，女性对于"国家的繁荣和种族的纯净"至关重要。随着20世纪女性生活领域的拓宽，优生运动旨在引导她们回归相夫教子的生活。优生学家担心，中产阶级女性会因为过度的脑力或体力消耗而无法受孕。在两次世界大战间隔时期，阿根廷的医生曾抱怨风靡一时的苗条身材对女性的生育能力带来伤害。在他们看来，那些他们称之为"主动营养不良"的女性对生育体形和多次怀孕的抗拒让她们失去了女性的特质。

尽管提高生育率是优生学的一个重要目标，但优生运动将更多的精力用在了防止不该生育的人群怀孕上。其针对的往往是贫困妇女和少数族裔妇女——这是消极优生学的基础。（消极优生学认为）处于社会边缘的妇女会盲目

1　比利时对刚果殖民统治时期（1908—1960）的称呼，现为刚果民主共和国。

地、大量地生育，从而拖累国家。智力低下的女性被指责生出了"退化"的儿童、破坏婚姻，并且传播性病，所有这些都对国家造成了危害。道德缺失且智力低下的女性则被认为是最危险的，她们旺盛的性欲与其心智缺陷相吻合。在瑞士苏黎世，因卖淫而被捕的妇女可能被送去接受精神病治疗，而且常常被迫同意绝育。在一些国家，不愿遵从"体面"行为模式的少女即使没有犯罪也可能被监禁。在外面待到深夜、毫无顾忌地和男孩厮混以及无视父母的命令，都可能给年轻女性带来严重的后果。对性别偏见的传统观念不屑一顾的女性极有可能被诊断为智力低下，且一旦确诊就往往会被收容，并在许多情况下最终导致被强制绝育。

一种解决方案是为妇女提供适当的教育，开设旨在帮助她们适应母性角色和履行家庭义务的课程。在 19 世纪末 20 世纪初，大量的医学和科学观点认为过多的脑力劳动会危害女性的生殖系统。英国女性高等教育的先驱埃莉诺·西奇威克（Eleanor Sidgwick）在 19 世纪 90 年代对早年女性大学毕业生进行了一项研究，驳斥了受过教育的女性是"生理上低效的母亲"这一观点。她的研究发现，大学毕业生的生育率与受教育程度较低的同龄人并无差异。然而，她的数据也表明，女性整体上结婚的比例在逐渐降低，结婚的时间也越来越晚，而且在结婚之后生的孩子也越来越少。正是抓住了这一点，优生学家立即提出是高等教育阻止了优秀女性结婚生子[1]。他们敦促设立以优生学、公民学和家庭主题为特色的女性课程，对妇女进行专门的家庭生活和育儿培训。

尽管如此，女性依然为优生运动做出了至关重要的贡献。正是那些受过大学教育的女性为纽约的查尔斯·达文波特、伦敦的卡尔·皮尔逊等杰出人物工作，在优生学领域开展了大量的家族谱系和统计学研究。优生学档案办公室的工作人员中，有很多年轻的女大学生为达文波特工作，达文波特认为她们的性别优势能让受访者更加放松，而且她们的雇佣成本也比类似资历的男性低。达文波特坚持对每位女性只聘用三年的原则，希望她们之后能通过结婚生子来完成自身的优生使命。而且他选择性地为女性提供工

---

[1] 因为高等教育的逐渐普及与女性生育率的下降同时发生。但这一推理逻辑有误，将相关性解读为因果关系。西奇威克对同龄女性进行的比较则更为合理，可以排除生活习惯、社会思潮等干扰因素的影响，仅仅研究高等教育对生育的影响。

作。她们被分配去进行家庭研究，通过追踪家族世代的历史寻找遗传缺陷的迹象。到了夏天，她们被派去在"更健康家庭竞赛"中收集数据，而她们的男同事则负责与"冥顽不化"的罪犯打交道。戈达德1912年对卡利卡克家族两条分支的研究中所收集的大部分数据是由他的助手伊丽莎白·凯特（Elizabeth Kite）整理的。尽管书中大量引述了她报告中的内容，但戈达德独享了作者头衔。从1910年开始，戈达德派遣调查员对试图进入美国的移民进行调查，这些调查员大多数是女性，他认为女性更善于凭直觉辨别一个人是否智力低下。

女性常常也是优生学的积极倡导者，她们踊跃地加入优生学组织，因为这一运动使她们有机会在传统女性问题上成为权威。在20世纪30年代中期，英国的优生学会40％以上的会员是女性。曼彻斯特的玛丽·登迪（Mary Dendy）、伯明翰的埃伦·平森特（Ellen Pinsent）等女性改革家都积极地参与建立智力低下者的隔离收容所。后来，平森特于1908年成为英国皇家智力低下者照管委员会的委员。20世纪二三十年代，在加拿大西部的针对智力低下女性的绝育运动中，先锋也是女性。加拿大艾伯塔省农

场妇女联合会中的女性积极分子推动了 1928 年和 1937 年
绝育法案的通过。而在 1937 年，美国南部腹地的佐治亚
州的青年联盟[1]运动促成了美国最后一项绝育州法的通过。
澳大利亚和新西兰的白人女性也曾在限制"退化者"和"智
力低下者"的生育上起到突出作用。1920 年，超过 10 万
丹麦人在由全国妇女委员会发起的请愿书上签名，支持对
性犯罪者实行绝育手术。在印度，中产阶级女权主义者将
受过良好教育的孩子与民族独立联系起来，而其他女性则
大力倡导将计划生育作为消除贫困的良药。计划生育活动
家致力于增进人们对避孕知识的了解并拓宽获取避孕药具
的渠道，同时也常常支持出于优生原因的节育。

　　英国节育的倡导者玛丽·斯托普斯认为，优生学对推
广节育措施有帮助，是其盟友。但她拒绝接受穷人是遗传
意义上不健康人群的观点，坚信计划生育能够改善穷人的
命运。在印度、巴勒斯坦托管地以及朝鲜半岛，妇幼福利
则是一个关键的女权–优生问题。

1　青年联盟是一个女性志愿者组织，旨在改善社区以及公民社会的文化与
　　组织结构，由玛丽·哈里曼·拉姆西（Mary Harriman Rumsey，铁路大
　　亨哈里曼的女儿）于 1901 年在纽约建立。

　　一小股活跃的优生学家主张摆脱维多利亚时代得体的传统枷锁，视优生运动为一次妇女解放的机会。瑞典女权主义者埃伦·凯（Ellen Key）同时提倡自由恋爱与负责任的生育，而剧作家萧伯纳则倡导"不受婚姻制度阻碍地繁衍后代的自由"。1911 年，英格兰优生学家凯莱布·萨利比（Caleb Saleeby）拟定了优生女权主义理论，虽然没有否认女性的政治代表权利，但仍然强调母性职责是她们的核心社会责任。他对他所称颂的"不可改变且仁慈的生物学事实"[1]的坚定信念，是对优生学核心信仰的一次经典阐述。不出所料，女性因生殖能力成为了旨在提高生育质量的优生运动的主要焦点。总的来说，强调女性的母性职责并且强化传统行为与母性角色的保守派和主流优生学主导了这场运动。

　　尽管如此，优生学也有很多关于男性角色的理论。当时的社会充满了对在殖民活动中富有冒险精神的男子气概的狂热崇拜，在此背景之下，对坚毅阳刚的硬汉征服弱者并通过繁衍后代创造美好未来的想象是一个流行的优生主

1　指胎儿在母体而非父体中生长发育的事实。

题。在晚年,高尔顿撰写了一部从未出版的乌托邦小说《不能说在哪》(*Kantsaywhere*)[1],其中描述了一个健壮、优雅、勇敢、有魅力的男性种族。在 20 世纪初的美国,特别是在男性精英阶层中,这种对男子气概的强调产生了一个有趣的转变。当时,坚定的优生主义者开始积极参与自然保护——对环境恶化和自然资源浪费的担忧在优生学中反映为对工业污染和资源滥用所带来的危害的批评。波佩诺和约翰逊的优生学教科书《应用优生学》(*Applied Eugenics*)主张优生学与环境保护紧密相关:"在拓荒时代,一个种族会毫不犹豫地耗尽所有的资源。这些资源似乎取之不尽用之不竭,直到有一天,一部分人意识到它们并非无穷无尽,于是,这些品德高尚的人们开始考虑未来的利益。"然而,之后的事态出现了令人意想不到的变化:美国的优生环境保护主义者将东北部精英阶层青睐的那种适度的大型猎物的(娱乐性)狩猎与那些为了养家糊口而耗尽资源的狩猎进行了对比。除了社会性别的动态变化,阶级关系也与环境保护优生学的形成有着紧密的联系。

---

1 英语"can't say where"的谐音。

在 20 世纪 20 年代早期使用胰岛素成功治疗糖尿病之后，新激素疗法在两次世界大战之间的那些年里开始流行，而男子气概则是这些治疗方法的主要焦点。当时腺体实验 [1] 已经很普遍，但当性激素成为内分泌学的主要研究焦点时，很快就引起了优生学家的注意。在维也纳，欧根·施泰纳赫（Eugen Steinach）依靠激素的回春手术吸引了包括爱尔兰诗人 W. B. 叶芝（W. B. Yeats）在内的一批富人客户。施泰纳赫的名气促成了 1923 年格特鲁德·阿瑟顿（Gertrude Atherton）的小说《黑牛》（*Black Oxen*）的畅销；书中描写一位绝代佳人通过施泰纳赫的手术恢复了青春光彩，让整个纽约社交圈为之着迷。在加利福尼亚州的圣昆廷监狱，优生学医疗狱警利奥·斯坦利（Leo Stanley）进行了睾丸移植实验，使用死刑犯的组织样本来恢复老年囚犯的青春活力，并让"娘娘腔"的男囚更具男子气概。通过补充激素来提高男子性能力和治疗性功能障碍在日本很受欢迎。刘易斯·特曼和查尔斯·达文波特强调激素对智力、道德和身体健康等关键优生领域的影响，而医生路易

1　通过移植腺体改变激素分泌。

斯·伯曼（Louis Berman）则借内分泌失调来解释犯罪行为。对于女性来说，激素治疗主要针对其生殖功能。孕妇通过接受激素注射来改善分娩效果；而在朝鲜半岛，激素广告宣传其可以提高生育的成功率并增添女性气质。

　　出于对退化、精神紊乱和激素失衡的担忧，同性恋倾向成为了一种优生威胁。优生家庭因为身体健康所以不会生出同性恋小孩的说法非常普遍。刘易斯·特曼和凯瑟琳·考克斯·迈尔斯（Catherine Cox Miles）于 1936 年设计了 M-F 测试 [1]，用于同性恋倾向的早筛，以便及时开展治疗。这一测试直到 20 世纪 70 年代才受到严重质疑 [2]。测试通过询问诸如棒球队球员的数目、主宾的正确座位安排等问题来量化男性和女性的性格特征，以此判定女性被试者是否为"男人婆"以及男性被试者是否有"娘娘腔"。除了在检测性取向方面的作用外，该测试还设定了适合男性和女性的差异行为。在《精神幸福的心理因素》（*Psychological Factors in Mental Happiness*，1938）一书中，特曼采用 M-F 测试为夫妻提供指导，说成功的婚姻

1　Masculinity–Femininity 的缩写，分别指男子气概和女子气质。
2　这一测试混淆了社会性别（自我认同）与性取向。

里妻子都是顺从和传统的。

就在迈尔斯和特曼发表性别特征测试的同一年，旧金山的一起诉讼案引起了媒体的关注。安·库珀–休伊特（Ann Cooper-Hewitt）是一个富裕的纽约家族的后代，也是她已故父亲大部分财产的继承人。按照她先父的遗嘱，如果安没有孩子，遗产将归安的母亲所有[1]。1934 年，20 岁的安因需紧急进行阑尾切除术而住院。智力测试将她定为智力低下，由于安还是未成年人[2]，她的母亲擅自安排她同时进行了绝育手术。在法庭上，安控诉她的母亲密谋夺取她所应获得的遗产。1917 年加利福尼亚州曾通过了一项州法修正案，明确了对智力低下者绝育符合政府利益，这一法案注定了安的起诉无法成功。尽管当时许多证人驳斥了安有智力缺陷的诊断[3]，法官却裁定根据加利福尼亚州法律，安的母亲为她安排绝育手术从程序上是被允许的。她母亲的律师还暗示说，辩方将提交安具有"色情

1　这一遗嘱的本意并非对无后代子女歧视对待，而是为了解决如果安去世时没有子女，这部分遗产的处置问题。

2　当时尚不足 21 岁。在 21 岁之后，她的母亲就对她的健康事务无权过问了。

3　据称安的母亲向两个负责智力测试的医生各支付了 9000 美元（相当于现在约 17 万美元）。还有一种说法：安是在阑尾炎疼痛难忍的情况下完成的智力测试，因不解测试与阑尾切除术的关系而未认真作答。

倾向"的证据,以证明安被指称智力低下的真实性[1]。加利福尼亚州绝育计划的缔造者保罗·波佩诺认为这次绝育是正当的,理由是安的性欲亢进让她无法胜任母亲的角色[2]。这一审判同时涉及优生母体、性别角色和家庭健康三个方面,这场"完美"的风暴因公众对一个上流家族异乎寻常的关注而产生了新闻价值。案件的胜利为优生学家带来了极大的鼓舞,因为这既再次确认了加利福尼亚州绝育法的效力,又实现了以不遵守社会主流性行为规范为理由的绝育的合法化。

阶级

这个媒体热炒的案件的不同寻常之处在于它涉及了一个很少受到优生政策影响的社会阶层。尽管不是所有优生学家都赞成社会特权的继承(他们担心上层阶级的近亲婚

---

1 因智力低下而无法对自己的行为做出是非判断。
2 这是优生学为绝育提供的一个全新的理由——不良行为可能会对后代的成长造成负面影响。因为在这个案件中,以智力缺陷为由进行绝育极为牵强。

配会产生"退化"[1]的后代），但总的来说，富裕的、人脉广的和受过良好教育的人不会受优生实践的影响。他们往往是评判者而不是受判者。那些生活受到优生诊断、治疗和政策困扰的人，无论男女、种族或国籍，绝大多数都是生活贫困、受教育程度较低和特权较少的人。

约翰（John）是英格兰国王乔治五世（George V）最小的孩子，由于患有残疾，他的生活显然不会像他兄弟姐妹那样，但他的王室地位使他免受那些常见的优生干预。在他短暂的一生中（1919年去世，时年13岁），大部分时间都与世隔绝。直到他去世之后，公众才知道他患有严重的癫痫和学习障碍症。作为一个王室成员，尽管被小心翼翼地保护着，与外界隔绝，但约翰从未被强制收容。如果他是一个工人阶级家庭的孩子，则很可能会被归为智力低下者，对他的行动限制也就不会那么宽松了。同样的，直到1961年——约翰·F.肯尼迪（John F. Kennedy）当

1　每个人都带有十几个至几十个致死或导致不育的隐性等位基因，因为这些等位基因在人群中频率较低，它们在个体中处于杂合状态，故不影响健康。而近亲结婚会显著地增加这些等位基因在一个个体中成为纯合的概率。由于门当户对的观念，社会特权的继承会增加近亲结婚引起的遗传性疾病的发生几率，例如欧洲皇室的血友病。达尔文-威治伍德家族也存在严重的近亲结婚情况，并影响了后代的健康和生育。我国《民法典》规定直系血亲或者三代以内的旁系血亲（例如表兄妹）禁止结婚。

选美国总统之后——肯尼迪家族才透露，比他只小 1 岁的妹妹罗斯玛丽（Rosemary）有智力障碍。幼年的测试判定她的智商在 60—70 分之间。[1]1941 年，在她父亲的授权下，罗斯玛丽接受了额叶切除术[2]的治疗，这反而导致她脑部受损并被送进了精神病院。在纽约的一所精神病院住了 7 年之后，罗斯玛丽于 1949 年被转到了威斯康星州的一家天主教寄宿学校，在那里一直受人照顾，直到 2005 年去世。起初，肯尼迪家族声称她在中西部的一所残疾儿童学校教书（这大概没什么讽刺意味）[3]，到 20 世纪 60 年代他们才承认罗斯玛丽患有精神残疾——她的案例引发了一场改善精神卫生保健的运动。然而，接受过额叶切除术这件事仍然是个秘密，直到几十年后才被披露。

1　传统上智商由心智年龄和生理年龄的比值乘以 100 来计算。现代智商计算进行了进一步的标准化：平均值为 100 分，标准差为 15 分。因此，68.2% 的人的智商在 85—115 分之间，95.4% 的人的智商在 70—130 分之间。人群中约有 2.3% 的人智商低于 70 分。

2　一种神经外科手术，破坏前额叶皮质与其他脑区的联系。这一手术曾经很流行，其发明者莫尼兹（Moniz）因"发现了额叶切除术对特定精神疾病的治疗价值"而获得 1949 年的诺贝尔生理学或医学奖。现在对该手术的评价总体上是负面的，认为不但效果非常有限，而且术后往往丧失高级精神活动，成为"行尸走肉"。这也成为了诺贝尔生理学或医学奖的"黑历史"之一。《飞越疯人院》《禁闭岛》等著名电影中都有涉及该手术的情节。

3　威斯康星州在美国属于中西部，所以地点上是一致的——尽管罗斯玛丽在那里是学生而非老师。

在阶级谱的另一端——富裕的女继承人和王室后裔的对立面——贫困的巴克姐妹卡丽和多丽丝在 1927 年被最高法院以她们姓氏命名的裁决判处绝育。她们的案例淋漓尽致地揭示了阶级偏见，而往往正是这些偏见赋予优生运动以生命。

德国遗传学家弗里茨·伦茨主张"（一个人的）价值可以用社会生活中的生产力与成功来衡量"，而这种认为社会特权反映了优生健康指数的信念普遍存在。社会阶级和经济地位能够揭示人们的基因禀赋的这一观点有时强大到足以压倒任何其他的偏见。在美国，耳聋是足以被遣返的优生理由，但移民官员会对那些社会阶级地位较高的人网开一面。在法国，有人呼吁将鼓励生育主义运动限制在富人阶层，并阻止穷人用他们"退化"的后代来填充法国人口。在两次世界大战间隔时期，中国优生学领军人物潘光旦[1]提出了针对穷人的选择性计划生育措施。即使在那些以环境监管和提供更好生活条件为积极优生学政策基石

1　潘光旦（1899—1967），中国近代著名的优生学家、社会学家和民族学家。与叶企孙、陈寅恪、梅贻琦并称清华百年历史上的四大哲人。

的地方，认为没有特权就意味着缺乏遗传健康的倾向也常常潜入优生思维之中。

对穷人的行为举止和生活方式的反感反映为优生学对中产阶级白领的吸引力。随着世界各地的优生学会如雨后春笋般涌现出来，这些中产阶级白领占据了学会中各个级别的职位。优生学受到医生、教育工作者、记者、心理学家、社会工作者、律师以及常常从财力上支持优生事业的慈善家的欢迎。在东欧和中欧新独立的国家，以及土耳其、伊朗、阿根廷、墨西哥等新兴现代化国家，优生学给予了医疗专业人员和社会工作者决定国家前途命运的实实在在的话语权。科学日益增长的影响力则巩固了优生学政策与科学的双重地位，使其成为现代社会中指导日常生活的强有力的舞台。

甚至那些因社会主义或集体主义信仰而接受优生学的人，也常常表现出对穷人过度生育的轻蔑或恐惧。英国著名的社会主义者哈罗德·拉斯基（Harold Laski）曾谈到"优等被劣等所淹没的未来"。英格兰遗传学家 J. B. S. 霍尔丹成长于英国的特权阶层，其父是牛津大学的一位教师。第一次世界大战中的经历 [1] 让他相信，英国的工人阶级革命是一个有希望的事业；20 世纪 40 年代，他开始信仰马克思主义，并加入了共产党。然而，他也认为工人阶级是天生劣等的。但是这些批评者都没有将工人阶级的家庭规模与难以获得的有效节育措施及节育成本联系起来。一位眼光敏锐的评论家看到了阶级偏见在优生运动中发挥的作用。1927 年，美国生物学家雷蒙德·珀尔在《美国信使》（*The American Mercury*）杂志上发表的文章中驳斥了优生学，认为当优生学家谈到"优等人"时他们的意思是"'我这种人'……或者'我碰巧喜欢的人'"。他声称，优生学"充满了对阶级和种族偏见的情感诉求"。

优生学也与福利国家和进步主义政策的兴起有关。在斯堪的纳维亚各国，优生措施大多以集体主义福利国家的名义出现；在瑞士和魏玛时代的德国，社会民主党人大力倡导了诸多优生措施。美国进步主义也将集体利益置于个人利益之上，倡导优生解决方案。美国自然历史博物馆馆长亨利·费尔菲尔德·奥斯本（Henry Fairfield Osborn）

---

1 霍尔丹在 1914 年放弃学业加入了英国军队，曾在法国和伊拉克战斗并负伤，1920 年作为上尉退役，后来成为了成就斐然的科学家。由于他战斗英勇并极具进攻精神，被指挥官称为军中最勇敢的军官。

希望将福利政策针对的对象限制在那些有工作的人之中，并鼓励对失业者实行节育措施。这种福利优生学背后的良好愿望在1929年大萧条[1]爆发时期受到了严峻挑战。关于国家为供养无生产力和非健康人口所花费成本的争论虽然不仅限于20世纪30年代，但在经济的严重不确定性要求紧急削减财政支出并重新考虑福利待遇的时期，该问题显得尤为突出。随着城市的发展，城市底层阶级充斥着道德缺失的女性、失业的男性以及缺乏教育且不受约束的儿童，对此的担忧自始至终困扰着中产阶级白领。城市贫民所居住的贫民窟不仅被视为疾病和犯罪的滋生地，还被看作不道德行为和动乱的温床。人们认为，身体不佳、智力低下和判断力差相伴而生，20世纪初的社会调查则加深了工人阶级非优生的形象。优生学家从工人阶级的缺陷中预感到了国家衰败的危险。对于硬遗传学派来说，环境保护主义以及福利政策的解决方案必将失败，因为它们解决的不是优生学核心的生殖问题，而是环境和社会改革问题——硬遗传学派认为这些方案反而会鼓励穷人肆意生育。

除了因就业竞争形势而引发的反移民激进主义外，很

---

1 1929至1933年间全球范围内的经济大衰退，是20世纪持续时间最长、涉及范围最广、影响最为深远的经济衰退。

少有工人阶级支持优生学。工人运动往往会怀疑优生学家对工人阶级的意图，且对优生组织主要由中产阶级构成这一点一清二楚。尽管医生、社会改革者和政治家将优生学视为一套能帮助他们命令、控制、改善和教育那些亟须指导的人群的实践方法，但穷人大多是优生学的受害者而不是拥护者。

种族

　　种族几乎始终是优生学的一个要素，且通常与社会地位密切相关。在 20 世纪 30 年代的德国和丹麦，吉卜赛登记册追踪了流浪民族的流动，他们被视为资源的消耗者，而且在遗传上是不健全的。基于亨利·戈达德 1912 年对卡利卡克家族的研究方法，德国精神科医生罗伯特·里特尔（Robert Ritter）建立了吉卜赛家谱。阿瑟·埃斯塔布鲁克在描绘美国中西部他所谓的以实玛利人[1]时，列出了

1　根据《旧约·创世记》，以实玛利是亚伯拉罕的长子，其母夏甲曾是女仆。在弟弟以撒出生后，以实玛利和夏甲被亚伯拉罕逐出。以实玛利人是其后裔，据说是现今阿拉伯人的祖先。此处的“以实玛利人”并非阿拉伯人，使用的是其引申义“被逐出者”。他们在印第安纳及其周围流动，大约 1 万人，包括白人贫民、美国原住民以及逃亡的非裔奴隶，在当时被认为是最劣等的族裔。

"三个突出的特征……贫困、放纵和吉卜赛似的流浪"。里特尔的吉卜赛数据库包含大约三万个名字以及个人和体貌的详细信息。很多人之后被关进了纳粹于 1935 年在德国和奥地利建立的吉卜赛集中营，死者不计其数。里特尔对美国优生学的钦佩不仅限于推崇戈达德的研究，他还追随查尔斯·达文波特的观点，将流浪民族的流浪生活视为一种可遗传的种族特征。罗马尼亚人口统计学家萨宾·马努伊勒（Sabin Manuilă）声称："将吉卜赛人与罗马尼亚血统混为一谈 [1]……是影响我们种族的最致命的事件。"

种族差异这一主题在优生学中有着悠久的历史。高尔顿的第一部优生学著作《遗传的天赋》中有一章名为"不同种族的价值比较"，其中称赞古希腊人"仍然无人能及"，并认为"澳大利亚原住民至少比非洲黑人低一级"。虽然对英格兰城市贫民"邋遢、平庸、卑贱的样子"深感不屑，但对高尔顿来说，盎格鲁–撒克逊人 [2] 仍然是一股文

---

[1] 罗姆人（Romani）与罗马尼亚（Romania）只差一个字母，与罗马尼亚人（Romanian）差别也不大。

[2] 盎格鲁–撒克逊人是一个部分由文化定义的人类群体，包括从欧洲大陆迁移到英伦三岛上的日耳曼人（盎格鲁人和撒克逊人是其中的两个分支）以及使用盎格鲁–撒克逊语言的英国原住民。盎格鲁–撒克逊人奠定了现代英国法律体系、文化与社会习俗。现代英语有一半以上（特别是日常用语）单词来源于盎格鲁–撒克逊人的语言。

明力量。在葡萄牙、意大利等地中海国家，北方的富裕精英贬低南方人因智力低下而在社会和经济方面都比较落后。在波斯尼亚和保加利亚，欧洲基督徒认为当地的穆斯林人口是原始的。保罗·波佩诺和罗斯韦尔·约翰逊在他们颇具影响力的教科书《应用优生学》中宣称："黑人在智力和身体上与白人有很大不同，在许多方面可以说黑人是劣等的。"在拉丁美洲国家，来自欧洲的白人指责原住民 [1] 和黑人阻碍了现代化的发展进程。20 世纪初享有强大话语权的墨西哥科学家将欧洲殖民者的血统视为未来，常常对原住民不屑一顾，认为他们不可教育、不懂得珍惜现代社会的好处。在罗马尼亚，担任安东内斯库（Antonescu）法西斯政权文化与教育部部长的社会学家特拉扬·赫尔谢尼（Traian Herseni）则倡导对"劣等"种族实施隔离。

"劣等"种族的一个关键特征是所谓的高生育率。（人们）想象到亚洲人口的爆炸会成为淹没西方的威胁，这就

1　被统称为印第安人，目前学界普遍认为他们在末次冰期由亚洲跨越白令海峡大陆桥到达美洲，因此是黄种人的美洲支系，包括玛雅人、阿兹特克人、印加人等。

是 20 世纪初人们常说的"黄祸"。在东欧，斯拉夫人被视为起源于亚洲，人们同样担心他们的人口增长速度会超过欧洲人。西奥多·罗斯福早在 1901 年当选美国总统之前，就把法裔加拿大人、东欧人和非裔美国人的强劲人口增长与盎格鲁-撒克逊人口的停滞不前进行了对比，并称之为"种族自杀"。罗斯福不断地围绕这个问题进行写作和演讲，并以其为政策宣言，呼吁对移民进行限制，敦促中产阶级白人在他所谓的"摇篮之战"中尽到自己的责任。罗斯福的优生思想把民族主义[1]和优生学联系起来，这种联系因 20 世纪初定义逐渐清晰的地缘政治学[2]、崛起的民族主义和带有侵略性的帝国主义而进一步得到加强。英国政界人士警告称，除非生育出更多更好的婴儿，否则将被帝国的竞争对手德国超过，这与当时德国人对斯拉夫血统将从人口上超过"真正的"德国血统的担忧如出一辙。而这正是满怀敌意的种族差异优生学冒头的成熟时机。

---

1 民族主义是近代在民族实体和民族意识基础上，伴随着工商业发展和民主主义兴起而发生的重要的世界范围的政治思潮之一。民族主义有不同类型，有的以民族自决和民族独立为主要目标，有的则以民族扩张为主要目标。

2 地缘政治学是关于地理学对政治和国际关系影响的研究。德国地理学家拉采尔（Ratzel）第一个系统研究了政治现象与地理环境的关系，提出"国家有机体论"。瑞士的谢伦（Kjellén）首次提出了"地缘政治学"一词。

种族纯净成了一种国家资源，一种增强民族自豪感、为民族身份赋予实质意义、建立爱国主义的方式。英国的节育倡导者玛丽·斯托普斯在她的诊所以 Prorace 为品牌销售宫颈帽[1]，她和玛格丽特·桑格都经常谈到种族改良。在欧洲和其他地方，优生学家在警告公民他们的国家因遗传退化而危机四伏的同时，也会告知为什么他们的国家是一个优秀的国家。南斯拉夫民族志学者弗拉迪米尔·德沃尔尼科维奇（Vladimir Dvorniković）声称他的人民拥有这个星球上最大体积的大脑。作家和政治家特奥菲洛·布拉加（Teófilo Braga）用葡萄牙的罗马名称来彰显这个国家悠久而辉煌的历史，他宣称"葡萄牙真正的卢西塔尼亚人[2]"是"海上探险的天才和……地理大发现时代的开创者"。当然，这种对民族优越感的颂扬依赖于将真正的归属者与被边缘化的外来者区别开来——这些外来者不能归属于国家，他们的存在威胁了国家的稳定。优生学提供了一种从生物学的角度来表达这种威胁的方式：无论是通过

1　一种女性使用的短期避孕器具，避孕效果长达 48—72 小时。Prorace 的意思是"优秀种族"（pro-race）。

2　居住在伊比利亚半岛西部的印欧人，罗马帝国征服该地区后设卢西塔尼亚行省。

图 7. 英国节育的倡导者玛丽·斯托普斯同时也是一名优生学家。她相信
种族纯净的原则，并于 20 世纪 20 年代在她的北伦敦诊所出售宫颈帽。
该宫颈帽叫做 Prorace 帽（标在宫颈帽底部，侧面标有价格），有各
种尺寸，适合不同的女性。

腐蚀种族的纯洁性，还是通过浪费宝贵资源，不健康的生
育都会阻碍国家的伟大和进步。在 1927 年的《日本优生
宣言》中，池田林仪（Ikeda Shigenori）将他的国家称为
"一个被优生眷顾的国家"，因为日本人与外国人的接触很
少，因此他们的血统很纯正。

少数族裔有时使用同样的词汇来抗议他们所受到的排
斥，声称他们自己对遗传的优生解释要比上层统治集团给
出的解释更令人满意。加泰罗尼亚医生埃梅内希尔多·普
伊赫-赛斯（Hermenegildo Puig i Sais）敦促加泰罗尼亚人

加紧生育，这样卡斯蒂利亚[1]西班牙人就无法主宰他们。居住在芬兰的瑞典人、居住在捷克斯洛伐克和罗马尼亚的德国人也都坚信自己民族的优越性。犹太优生学家声称，他们民族的长盛不衰是优生实践的结果，这种实践保护了世世代代的犹太人的纯正血统。

种族混合

18 世纪和 19 世纪初的生物学家和博物学家就已经对动物的杂交育种感兴趣了，它在农业方面的应用相当成功。将相同的原理应用于人类是优生学家的共同梦想，且常常围绕种族混合的后果展开，而后者往往依赖于血统纯正的观念。成立于 1903 年的美国育种者协会起初旨在探索动植物育种技术，该协会于 1906 年成立了一个专门从事人类"育种"的优生学部门。它的宗旨是"强调优质血统的价值和劣质血统对社会的威胁"。最晚从 19 世纪中叶开始，生物学家就一直对测定种族混合（通常被贬称为"混

---

1 广义上指历史上属于卡斯蒂利亚王国控制的地区，即今天西班牙的中部和西北部，包括伊比利亚半岛的大部分地区。

种"[1]）的影响感兴趣。麦迪逊·格兰特（Madison Grant）
在其 1916 年出版的畅销书《伟大种族的消逝》（*The
Passing of the Great Race*）中预言，美国黑人和白人的结
合将产生"种族意义上的杂种群体，其中较劣等的类型最
终会占主导地位"。在更早的 1908 年，著名的医学人类学
家欧根·菲舍尔分析了德属西南非洲地区的荷兰男性和科
伊科伊[2]非洲女性所生的大约 300 个儿童——他称之为"雷
霍博特的杂种"[3]。"杂种"一词的着重使用暗示着这种结合
的非法性。尽管菲舍尔无法证明种族混合形成的人群有更
高的疾病发生率或者其他负面特征,但他依然声称当与"劣
等"种族通婚时，白人的精神和文化面临退化。

挪威化学家约恩·阿尔弗雷德·米约恩（Jon Alfred
Mjøen）在 1921 年纽约的第二届优生学大会上为听众逐

1　单词 miscegenation（混种）是由拉丁语 *miscere*（混合）和 *genus*（种族）
　　构成的，因此似乎应是中性的，但它几乎总是以贬义的方式被使用。

2　非洲南部的草原游牧原住民。历史上曾被荷兰人称作霍屯督人
　　(Hottentot)，因带有冒犯性而被废弃使用。

3　雷霍博特是非洲西南部国家纳米比亚的城镇名，第一次世界大战前为
　　德属殖民地。该族裔通常被称为巴斯特人（Baster），由荷兰语中杂种
　　(*bastaard*）一词演变过来，目前大约有 3 万 5 千人。尽管这个名称带有
　　贬义，但巴斯特人将其当作"骄傲的名字"，声称其中体现了他们的祖
　　先和历史。

条列举了挪威人和拉普人[1]血统混合的危险之处。而在巴西，优生学家在黑白混血儿群体中发现了"退化"的可怕后果。英国心理学家雷蒙德·卡特尔声称种族混合肯定会产生遗传缺陷，这对一位硬遗传学派支持者来说确实是个古怪的观点[2]。查尔斯·达文波特和莫里斯·斯特格达（Morris Steggerda）在 1929 年的《牙买加的种族混合》（*Race Crossing in Jamaica*）一书中得出结论：由跨种族结合产生的新的基因组合很可能是有害的。他们声称，"混血的人"是"不易满足的、躁动不安的以及低效的"。尽管植物遗传学家爱德华·伊斯特（Edward East）和唐纳德·琼斯（Donald Jones）在 1919 年的著作中建议，美国最佳的发展道路是"巨量的、开放的种族混合"，但他们却把黑人与白人的混合划在了界线之外。他们认为这两个人种差距太大了，无法在生理上和谐地融合在一起。

然而在某些情况下，优生学家却持相反的观点，认为种族混合是有益的，甚至是必要的。在拉丁美洲，甚至

---

1 自称萨米人（Sami），是主要分布在挪威、瑞典、芬兰和俄罗斯四国境内北极地区的原住游牧民族。一些萨米人认为被称作拉普人带有轻视的意味，因而更倾向于使用自己语言的名称。

2 因为硬遗传学派认为遗传信息在世代交替的过程中不会改变。

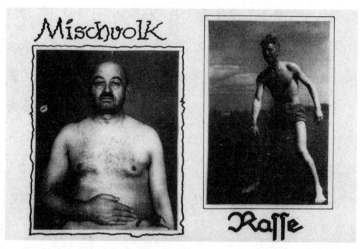

图 8. 这张来自反犹太主义演讲的幻灯片对比了一个健康活跃的"雅利安人"（标记为 Rasse，意为种族）与一个不健康、不活跃的混种人（Mischvolk），以此说明种族混合的危害。该讲座由纳粹党卫队人种与移居部举办，他们负责党卫队的种族纯洁性，由海因里希·希姆莱和里夏德·瓦尔特·达雷（Richard Walther Darré）于 1931 年创立。

连孟德尔理论的支持者都认为种族混合会产生有利的结果[1]。里约热内卢的国家博物馆馆长埃德加·罗克特–平托（Edgar Roquette-Pinto）和巴西遗传学家奥克塔维奥·多明格斯（Octavio Domingues）都曾在 20 世纪 20 年代末预测，随着时间的推移，种族混合将使巴西人口"白人化"，

---

1 孟德尔认为在二倍体细胞中控制同一性状的等位基因成对存在，不相融合；在形成配子（精子或卵细胞）时，等位基因发生分离——分离定律——推翻了传统的混合遗传理论（blending inheritance）。

他们认为这是令人向往的结果。在墨西哥，1921 至 1924 年间担任公共教育部部长的何塞·巴斯孔塞洛斯（José Vasconcelos）赞扬了梅斯蒂索混血儿——欧洲白人与印第安人通婚所生。他和许多人一样，认为混血有助于墨西哥阻止智力、身体甚至道德的退化。然而，他们所追求的种族混合始终是为了白人化。1921 年，墨西哥儿童大会上讨论了白人化原住民儿童的计划，保留了对原住民长期存在的偏见。

在南半球的澳大利亚，澳大利亚北领地的原住民摄政者塞西尔·库克（Cecil Cook）和他的西澳大利亚州同行 A. O. 内维尔（A. O. Neville）以白人化理论为核心开展了一项"实验"。因为深信"生物吸收主义"会使澳大利亚原住民白人化，所以他们将原住民母亲和白人父亲的混血儿（被称为"half-castes"[1]）带到远离家乡的机构里隔离并让他们接受教育，这常常是在违背本人意愿的情况下进行的。[2] 他们计划通过基督教的教养方式以及与澳大利亚白

1　该词带有冒犯性。
2　共有近 10 万名儿童被强行从家人身边带走，他们后来被称为"被偷走的一代"（the stolen generation）。

人的"明智的"婚姻来让这些孩子白人化。这一方案成为多丽丝·皮尔金顿·加里马拉（Doris Pilkington Garimara）1996 年的回忆录《防兔篱笆》（*Follow the Rabbit-Proof Fence*）的主题，菲利普·诺伊斯（Phillip Noyce）2002 年的一部感人至深的电影《末路小狂花》（*Rabbit-Proof Fence*）[1] 就是根据这部回忆录改编的。被隔离在偏远保留地的"纯血统"原住民基本已接近灭绝；该方案的设计者预计，只需几代经政府批准的婚姻即可吸收并消灭原住民的遗传特征——纯血统的原住民灭绝了，而混血儿又融入了澳大利亚白人血统。这些措施揭示了优生学是如何基于一个貌似科学的依据强化固有的偏见的，从而产生、维护并支持"具有生物学价值的人类"的说法——这一说法是由瑞典医生、优生学主要支持者赫尔曼·伦德堡（Herman Lundborg）提出的。

　　一般来说，对种族混合的支持都是因为看到了这种婚姻结合可以削弱"价值"较低的遗传因素并提升强大遗

1　影片讲述了三个年轻混血女孩被强行从家人身边带走，并被送到摩尔河营地进行"白人化"的故事。由于无法忍受营地里的痛苦生活，她们决定出逃，沿着防兔篱笆（从北到南穿过西澳大利亚州的大型防害栅栏）跋涉超过 2400 公里，最终回到家人的身边。

传因素的前景。正是基于这些理由，弗朗西斯·高尔顿支持华人移民到东非。在 1873 年 6 月给《泰晤士报》（*The Times*）的一封长信中，他展望了一群勤劳的华人可以"与当地人通婚并最终取代……懒惰且夸夸其谈的野蛮人"。几十年后，墨索里尼宣称地中海人种与拉丁裔 [1] 的混合将有助于强化意大利的政治影响力，但是他在 20 世纪 30 年代末与希特勒结盟时又改变了论调，称法国人是一个腐朽的民族。在法国，生理学家夏尔·里歇以及儿科医生、法国优生学会主席欧仁·阿佩尔（Eugène Apert）对法国人与西班牙人或意大利人的"拉丁"婚姻表示推崇，但谴责与非裔的结合。

19 世纪末，许多国家的政府已经开始将受到父母虐待的儿童接走并置于自身的保护之下，虽然这很少涉及富裕家庭的孩子。到了 20 世纪，优生版本的儿童另置方案往往基于种族判断。在瑞士，作为欧洲最大的流浪民族之

---

1 地中海人种是 19 世纪末至 20 世纪中期人类学家对欧洲白人的一种历史分类，主要分布在地中海附近地区，特别是南欧、北非和西亚，在远离地中海的中亚、南亚和非洲以及欧洲的英国、德国和爱尔兰也有分布。拉丁裔泛指受拉丁语和罗马文化影响较深的族裔，如意大利人、法国人、西班牙人、葡萄牙人。

一的耶尼什人¹被许多人鄙视为流民，他们家庭的流动性是另置方案的主要焦点。1926年制定的联邦方案允许将耶尼什儿童从其出生家庭中带走。总共有大约600名这样的儿童被强行带走并被安置在学校、孤儿院或瑞士的欧洲白人家庭中，亲生父母则对他们的下落一无所知。如果这些孩子在新环境中未能得到改善，就可能面临绝育，而且与在澳大利亚的情况一样，这些受政府监护的孩子未经批准不能结婚。该项目的负责人阿尔弗雷德·西格弗里德（Alfred Siegfried）将耶尼什人对流浪生活的偏好解释为心理异常，称其为一种需要纠正的精神病理学的游牧主义。在以色列，一个由政府运作的"吸收"部门旨在将1948年后进入这个新国家的源自中东的犹太人欧洲化。"同化"方法中受到优生学影响的包括育儿和卫生方面的课程。有证据表明——尽管在某些方面仍存在争议——为了加速同化，这些家庭的儿童被带走并交由德系（欧洲）犹太人收养。

1　也有人称之为瑞士吉卜赛人，其实与吉卜赛人除了在流浪的生活方式方面相似外并无遗传关系。

移民

移民经常被视为优生问题。1925 年，英格兰生物统计学家卡尔·皮尔逊和他的合作者玛格丽特·莫尔（Margaret Moul）就声称："全部的移民问题都是民族优生学可以自圆其说的根本所在。"[1] 移民立法此时已成为一个主要的优生目标，而且常常是其最成功的尝试之一。全世界的很多移民法使用优生学作为其政策的依据和正当性的来源。为了推进所谓的"古巴雅利安主义"，1902 年古巴的第一部移民法将华人拒之门外，而且对其他有色人种移民也非常严格。在英国，优生学倡导者呼吁制定可以将不健康人群排除在外的移民政策；1905 年和 1914 年的移民法限制了东欧犹太人进入该国。20 世纪 20 年代，由于难民的激增和劳动力的严重短缺，法国的移民人口呈指数增长；但到 20 年代末潮流逆转了，反对移民入境成为了主流趋势。工人组织要求限制移民，对移民进行选择性管控的呼吁获得了广泛支持。

1　皮尔逊和莫尔在文章中进一步解释了原因：如果国家每时每刻都有"劣等"移民涌入，那么国内的优生立法又有什么意义呢？

西奥多·罗斯福对"种族自杀"的预测在一定程度上是基于一个假设：移民的生育率会持续地高于本土出生的美国白人。对于第一代移民者来说情况确实常常如此，但是出生于美国移民家庭的第二代子女的生育率明显降低。尽管如此，罗斯福和其他许多人依然预言了一种反乌托邦的结局——古老的北欧血统不仅可能，而且将要被疯狂繁育的"劣等"人种吞没。洛思罗普·斯托达德（Lothrop Stoddard）的畅销论著《有色人种的崛起：对白人世界霸权的威胁》（*The Rising Tide of Color: The Threat Against White World-Supremacy*，1920）提出了一种全球优生学的观念，旨在确保白人不会被繁育速度更快的其他种族所淹没。优生社会学家爱德华·罗斯（Edward Ross）使用了一个冷酷无情却令人印象深刻的词汇来形容美国的移民——"被击败的血统中的被击败的成员"。优生主义者声称，移民中的许多人携带遗传性的身心疾病，这意味着在埃利斯岛[1]和其他入境点，劳累过度的官员们仍力图在等待入境的移民身上寻找足以被遣返的缺陷。

1　埃利斯岛是 1892—1954 年纽约及新泽西港口移民检查站的所在地。那里曾是美国最繁忙的移民检查站，约 1200 万移民由此进入美国。

图 9. 受到优生思想的影响，人类学家赫顿认为犯罪是天生的，并且表现在身体和心理特征上，因此对罪犯按种族进行分类很重要。他在《罪与人》（*Crime and the Man*，1939）一书中声称，精神病人中的犯罪分子往往比其他精神病人身体重，而且精神病人往往比正常人个子矮。[1]

　　在 20 世纪 20 年代初，当包括哈里·劳克林、麦迪逊·格兰特等在内的杰出优生学家就拟议中的移民政策变更在国会作证时，罗斯及其他人持有的类似观点引起了人们的共鸣。1921 年和 1924 年的两项法案以旨在遏制南欧

1　图片标题为"精神病犯的罪恶等级"，图中按照各族裔患酒精中毒性精神病的比例进行了排名。排名最高的三个族裔分别为爱尔兰人、爱尔兰裔美国人以及"近东"人，三者在构图上模仿了古希腊雕塑《拉奥孔和他的儿子们》，并将酒精比喻为毒蛇。

和东欧移民流入的"民族来源方案"为基础，实施种族配额 [1]。其效果非常显著：移民人数从 1920 年的超过 80 万下降到 1921 年的 30 万左右。1924 年的法案将每年的移民人数限制在 16.5 万人（不包括家属在内）。想要移民的人必须交代清楚他们或他们的父母是否"曾在精神病院或医院接受过精神疾病的治疗和护理"，这显然体现了国家对遗传性精神缺陷的优生焦虑。从得克萨斯到加利福尼亚的几个边境州存在季节性劳动力需求，因此加拿大人、墨西哥人、海地人、古巴人和多米尼加人被特意排除在 1924 年法案的限制之外。尽管如此，这些人从墨西哥入境美国仍需要接受强制性的消毒与检查程序，旨在遏制一些与卫生相关的问题——这明显受到了优生思想的影响。随着移民特别是拉丁美洲移民的增长，反移民情绪越来越多地通过优生学表达出来。1927 年，活跃的优生学家、萨克拉门托房地产经纪人查尔斯·歌德在写给加利福尼亚州圣克鲁斯市一家报刊的信中警告说，墨西哥裔的出生率正让他们迅速"淹没"北欧裔。在两年后的一篇文章中，他声称

---

1 美国历史上（1921—1965）的移民配额制度，根据本国现有民族比例给移民的民族设限，防止移民改变美国人口的族裔组成。

墨西哥移民"在优生意义上与黑人一样低能"。哈里·劳克林对这一观点表示认同，他认为墨西哥移民智力低下并携带疾病。如此这般的思想也曾促使加拿大议会于1910年禁止患有精神发育迟缓、精神类疾病和身体类残疾这些覆盖面广泛的疾病的移民入境。

优生思想也影响了遣返和驱逐政策的形成。早在20世纪20年代的配额法案出台之前，美国就经常拒绝患有传染病或在智力测试中表现不佳的移民入境。而在阿根廷，领事和移民官员在拒签不良移民方面拥有宽泛的自由裁量权。在匈牙利，加利西亚犹太人[1]因所谓的健康原因在第一次世界大战后被遣返回国。优生学为欧洲大部分地区对吉卜赛及其他流浪民族的骚扰和驱逐行为提供了依据。然而，在某些情况下，优生学家也预见到国家会对最好的血统展开竞争，担心最优秀的人会移民国外。1914年，约恩·阿尔弗雷德·米约恩讲到，最优秀的挪威人正纷纷移民到美国，而那些进入挪威的移民则来自劣等血统。麦迪逊·格兰特则不以为然，他抱怨说："各国正在努力将合

1　加利西亚是中欧历史上的一个地区，现分属于乌克兰和波兰。加利西亚犹太人是德系犹太人的分支。

乎需要的人才留在国内……将那些不合要求的，特别是犹太人，送到美国。"

在优生学所涵盖的广泛观念中，差异之大是惊人的。在任何时候，都没有一个明确的优生立场或一套所有人都认同的定义。积极和消极优生学的支持者之间没有明确的界限，甚至连围绕种族、阶级或性别而争论的各政党派别之间也都没有明确的界限，但这些界限的存在却又是不可避免的。虽然人们一致认为生育是优生学的核心问题，对它的理解却往往大相径庭。尽管存在这种多样性，在定义人类的互动与生育时，等级与差异往往比其他思想体系更具吸引力。因此，优生学政策的影响对象大多是少数族裔、穷人、社会边缘人群以及女性，且常常倾向于越来越严厉、越来越具惩罚性。这些政策的制定基于的不仅是未必准确的科学依据，还有个人遵守理想化的行为规范的意愿和能力。其判定标准总的来说来自主流社会严苛的期望，只是它（在优生学中）是用生物学而不是用社会、经济和文化术语来解读的。尽管优生学唤起了科学理性，但它却无法逃离深受种族、阶级和性别差异影响的社会——优生学既被世界所塑造，也在塑造着这个世界。

第五章

1945年以后的优生学

保罗·波佩诺和罗斯韦尔·约翰逊在他们 1918 年出版的大学教科书《应用优生学》中声称，优生学"实际上是由于逻辑必然性而被迫存在的……它要求在社会面临的一些极为重要的问题上有发言权，且在许多情况下能投出决定性的一票"。詹姆斯·尼尔（James Neel）则在 1954 年的一本教科书《人类遗传》（*Human Heredity*）中谈到了优生运动"骇人听闻且令人不安的历史"，并认为在这场运动中，特别是在德国和美国，"不严谨的思想"败坏了优生学的名声；他希望优生学能建立在更加合理的基础上，尽快重新出现在大众的视野中。这些相隔了约 40 年的文字资料中的截然不同的观点记录了优生学的命运变化。尼尔的评论记录下了 20 世纪 40 年代后期纳粹战犯被起诉后优生学一落千丈的形象。尽管对纳粹的刑事诉讼确实在很大程度上玷污了优生学的声誉，但并没有直接宣判优生学的终结。相较于与纳粹历史有关的（尽管这一表述不总是准确）强硬派优生学，拉丁派（积极）优生学更好地适应了战后的主流思想，因为后者与福利和健康的关系远比与指令性政策更密切。

纽伦堡医生审判及其影响

在 1945 至 1949 年间，纽伦堡的一个国际军事法庭以战争罪审判了 100 多名从事军事、商业、法律和医疗工作的纳粹被告人，之所以选择这个地点是因为它曾是每年纳粹宣传集会的地方。一个由美国人沃尔特·比尔斯（Walter Beals）作为首席法官的法庭从 1946 年 12 月开始听取了 139 天的证词，指控 23 名德国人进行了惨无人道的人体实验和谋杀——这被称为"医生审判"。16 人被判有罪，（其中）7 人被判处绞刑。尽管纳粹以优生学和种族优生的名义进行的"科学与医学实验"犯下了严重的罪行，但检控方的任务并不总是那么简单——法院只对战争年代的案件拥有审判权，且主要集中在 20 世纪 40 年代对囚犯进行的实验上，无权审判之前发生的优生绝育和安乐死政策。优生学并不是检控方起诉的焦点，其罪行大部分是附带进行审判的。法官判定这些医生（受审的23名被告人中有20名是医生）违反了道德准则，扭曲了科学研究的目的。

在一个人体实验需先征得本人同意的观念尚未普及的时代，优生学就已经发展成熟并流行起来。正如纽伦堡审判中的辩护律师竭力申辩的那样，战争期间发生在德国的谋杀行为并非绝无仅有。纳粹使用囚犯开展人体实验无疑是将此种强制性活动推向了暴力的极端，但"本人同意权是不可侵犯的"这一原则其实是在这场审判中开始觉醒的。纳粹的研究确实包括优生学内容，也确曾使用优生学来为许多杀戮行为正名，但审判的重点不在于此，而在于那些利用被试者测试人类可承受的极端条件以及测试新药以供德国军方未来使用的研究。

除判决之外，法庭还发表了一份一般被称作《纽伦堡守则》（Nuremberg Code）的十点声明，旨在规范未来的科学与医学研究，特别是保护人类被试者。具有讽刺意味的是，其中最重要且最著名的原则来源于纳粹之前的德国政府于 1931 年制定的一套人体实验自愿准则的一部分——只是这一准则从未付诸实施。该守则对以儿童为对象的实验加以限制，并要求被试者的"明确同意"。《纽伦堡守则》一直是自愿遵守的，它没有法律地位，代表的是一种理想而非一项命令。由世界医学会于 1964 年制定的《赫尔辛基宣言》（Helsinki Declaration）也是如此，作为人体实验的另一道德准则，它虽然被广泛采用，但没有法律约束力。

纽伦堡审判将优生学与纳粹主义联系在一起，却只惩罚了参与德国战时人体实验的一小部分人。一批积极参与纳粹科学的著名优生学家逃过了起诉，并继续投身科学研究。威廉皇家学院院长、纳粹政权时期的种族优生教授弗里茨·伦茨于 1946 年成为德国格丁根大学的人类遗传学教授。而罗伯特·里特尔——他的研究工作甚至在战前就已经为杀戮吉卜赛人和辛提人[1]提供了正当理由——战后成为了一名受人尊敬的公共卫生专家。其他许多人战后仍在各个大学的遗传学系任职。1933 年德国绝育法的起草

---

1 辛提人为吉卜赛人的一支，大部分已放弃了流动的生活。

者恩斯特·吕丁（Ernst Rüdin）被剥夺了瑞士国籍，但除了一笔小额罚款之外，并没有受到其他惩罚。他一直坚称他的种族优生研究赢得了国际赞誉，虽然在希特勒的统治下这些工作受到歪曲，但这并不是他的错。

优生学家认为他们所追求的本是一门受人尊敬的科学，是纳粹盗用且歪曲了它，所以优生学的名誉可以且应当得到恢复。他们指出，优生法和优生政策在斯堪的纳维亚各国和美国取得了成功，后者的成绩尤为瞩目。因此，1945年之后与其说是优生思想与原则的消亡，不如说是它们的改造与重塑。对于许多优生学的支持者来说，主要担心的是"优生学"一词是否因为受到过度玷污而在战后无法保留；很少有人质疑优生原则本身是否存在问题。尽管优生政策并没有在1945年消失，但在几乎所有地方都被重新命名了——除了个别例外，"优生学"这个词几乎消失了。

许多优生机构只是简单地改了名字。瑞典种族生物学研究所变成了乌普萨拉大学医学遗传学系，而中国香港优生学会因其长期以来对节育的强调，更名为中国香港家庭计划指导会。英国优生学会的会长卡洛斯·布莱克

（Carlos Blacker）建议以"隐优生学"[1]来摆脱优生学的标签，同时继续推动优生政策。尽管他不愿意承认优生学与纳粹主义存在联系，但他也知道将优生目标与德国法西斯主义拉开距离的必要性。世界各地仍有许多科学家支持优生学，包括丹麦遗传学家塔格·肯普（Tage Kemp）、英国科学家朱利安·赫胥黎等知名人士。1956 年在哥本哈根举行的首届国际人类遗传学大会的赞助者中就有优生学组织。

人口控制

在 20 世纪五六十年代，优生学家的注意力主要集中到了全球人口控制这一新兴的政治兴趣上。显而易见，第二次世界大战中技术的发展已经显著延长了人类的预期寿命，在某些情况下还降低了婴儿的死亡率。"人口炸弹"——保罗·埃利希（Paul Ehrlich）1968 年同名畅销书中所描绘的前景——催生了一张新的词汇表。抗生素和杀虫剂的使用、食物配给和更高效的农业技术带来的营养

1　二战后，许多优生学的支持者不再公开自己的优生学信仰，从事"隐优生学"，以不太明显的手段推动优生学的发展。

增量，以及减少衰弱症 [1] 方面取得的成功，都导致了第二
次世界大战期间地球人口每年增加约 1500 万，这与第一
次世界大战曾造成的人口锐减形成了鲜明的对比。人口增
长最为显著的是亚洲和非洲，这加重了冷战时期人们对这
些地区政治动荡的焦虑。许多人认为，人口的迅速增长
加剧了饥饿和不满，从而加快了殖民地要求从欧洲宗主
国独立出来的步伐。在高度两极分化的国际政治环境中 [2]，
美国及其盟友担心由此造成的动荡会使新独立的国家倒向
苏联。发达国家已然确立的低出生率则成为了文明的同
义词。

到 20 世纪 50 年代末，公共和私人基金——无论是
来自美国政府的对外援助，洛克菲勒、福特等慈善基金
会，联合国，还是来自克拉伦斯·甘布尔医生（Clarence
Gamble，生产肥皂的宝洁公司 [3] 的继承人）等富人——纷
纷投入到计划生育的社会工程和科学研究中。甘布尔与玛

---

1 器官功能随年龄增长而逐渐衰弱的一类疾病，可能会影响身体机能或思
   维能力。典型的代表包括阿尔茨海默病（老年痴呆症）、肌萎缩侧索硬
   化（渐冻症）、帕金森病等。
2 指冷战时期北约和华约两大军事政治联盟。
3 宝洁公司（P & G）的英文名 Procter & Gamble 中就带有甘布尔的姓氏。
   很多公司会使用创始人的名字作为公司名称（比如迪士尼、京东、麦当
   劳等），用来显示老板对产品有信心及以个人或家族名义负责的决心。

格丽特·桑格密切合作，在 20 世纪 30 年代资助了一系列旨在减小贫困人口的家庭规模的计划生育试点项目。1958年，美国总统德怀特·艾森豪威尔（Dwight Eisenhower）在国家安全委员会上发言时表示，确保世界安全要靠人人都负担得起的"两美分的有效避孕药"。西方国家担心，持续的人口增长会对资源构成压力，进而威胁全球的生活水平。这个时代的新愿景是人口的零增长，一种出生与死亡相抵消的人口新老更替策略。

1964 年，美国经济学家肯尼思·博尔丁（Kenneth Boulding）提出了一个生育许可的交易体系，这一想法后来被多次重新提起。人口理事会 1 在洛克菲勒的支持下于 20 世纪 50 年代成立，它在 1968 年委托华特迪士尼公司制作了一部以计划生育为主题的电影。这部时长 10 分钟的电影由唐老鸭主演，有多种语言版本，主要面向发展中国家的观众，歌颂了计划生育的明智以及（用该理事会的话来说）"对小规模家庭模式的赞同态度"。诺贝尔物理学奖获得者、热忱的优生学家威廉·肖克莱（William

---

1 一个国际性的、非营利的、非政府的组织。

Shockley）还曾建议采用现金奖励措施来鼓励智商低的人进行绝育。

然而总的来说，这些在人口与生殖方面新的侧重点，与其说是担心那些威胁到国家的"无用"或"残次"的个体，不如说是担心低死亡率与高生育率带来的整体影响。尽管梵蒂冈长期以来一直反对堕胎和节育，但节育还是在这个时代发挥了比以往更为突出和广泛的作用。正如优生学本身千变万化的特点一样，随着人类遗传学研究的长足进步，优生学的侧重点还会再次转移，然而，在20世纪五六十年代，官方和民间的人口组织在很大程度上都由优生学的倡导者组成，全球范围的人口过剩就是压倒一切的担忧。

对飙升的出生率的担忧不仅限于西方，印度和巴基斯坦也在战后试图减缓人口的增长。1951年，计划生育成为印度的国策。1958年，来自印度北部的一名议员曾提出一项法案，对那些具有"不良精神与身体状况"的人实施绝育。虽然这一法案没有通过，但当英迪拉·甘地（Indira Gandhi）[1]于1966年当选为印度领导人时，她把计

1　英迪拉·甘地（1917—1984）是印度第一任总理贾瓦哈拉尔·尼赫鲁的女儿，曾两次担任印度总理（1966—1977，1980—1984），直到1984年遇刺身亡。因强硬的政治方针而被后人称为"印度铁娘子"。

划生育的目标定为当年植入 600 万个宫内节育器 [1] 并实施 123 万台绝育手术。不到十年，她臭名昭著的大规模绝育运动就登上了世界新闻版面的头条。1974 至 1977 年间，印度大约进行了 1200 万台绝育手术。由于输精管切除术既快捷又便宜，男性绝育手术的数量超过了女性。政府工作人员也承受着巨大的压力，他们被要求去哄骗人们进行绝育。如果这些工作人员不配合这项工作或者未能达到政府配额，就会面临停职或被拖欠工资的风险。拒绝绝育的教师可能会拿不到工资，而需要水源灌溉农田的村庄如果未能达到当地的绝育目标，就有可能被中断供水。同意绝育的人则会得到一个小礼物，如罐装食用油或晶体管收音机。这场运动遭到了普遍的反对，并导致甘地和她的国民大会党 [2] 在 1977 年的选举中惨败。尽管如此，她和中国国家计划生育委员会主任钱信忠于 1983 年被联合国授予"人口奖" [3]，这有力地反映了当时全球对人口过剩后果的普遍关注。

1　俗称节育环，属于长效可逆的避孕装置。
2　简称国大党，是印度两个主要政党之一，在印度独立后曾长期单独或联合执政。
3　联合国人口委员会用该奖项表彰对人口和生育健康问题做出突出贡献的个人。于 1981 年设立并于 1983 年首次颁发。

　　1966 年启动的新加坡国家计划生育项目也以减少人口为目标，并于 1970 年实现了节育和堕胎的合法化。1972 年，政府出台了一项旨在维持人口新老更替平衡的二孩政策 [1]。它在（为前两个孩子）提供教育和住房奖励的同时，也为之后的生育设置了障碍。20 世纪 80 年代，该国的优生政策发生了很大变化，重点变成了鼓励受过教育的女性生育更多的孩子，到 1987 年则开始鼓励有经济能力的女性扩大家庭规模。这些都是优生学家多年来倡导的策略。早在 1918 年，保罗·波佩诺和罗斯韦尔·约翰逊就曾对女教师（他们称之为"优生意义上的优等人"）一直不结婚的非优生后果发出警告，并提出了鼓励她们结婚和生育的解决方案。

　　鼓励一些人生育，又反对另一些人生育——这显然是早年优生政策的延续。20 世纪 60 年代，东欧的苏联"卫星国"在鼓励生育上的通力合作并没有扩展到少数族裔，后者仍因其庞大的家庭规模而遭到谩骂。在捷克斯洛伐克，吉卜赛妇女在苏联治下以及独立后都没能逃脱被迫结

1　简单来说，父母两个人生出两个孩子，如果平均寿命不发生变化则人口数目和年龄结构不会变化。

扎输卵管的命运。为了鼓励那些"正确"人口的生育，罗马尼亚于1966年对25岁以上无子女的成年人征税，阻止避孕，并对孕妇进行监护。更大规模的家庭有权获得更好的住房、更多的口粮配给、孕产假以及公费儿童保育。该运动在尼古拉·齐奥塞斯库（Nicolae Ceaușescu）掌权期间持续了两年半。尽管本身的目标未能实现，该运动对于"生育责任大于一切"的理念的推动却对女性权利产生了不良影响。

英迪拉·甘地在印度被赶下台两年后，中国制定了"独生子女"的计划生育政策，并于1995年颁布了《中华人民共和国母婴保健法》（最初被视为一项优生法律），将绝育或永久避孕作为严重遗传性疾病患者的结婚条件，并允许对有严重遗传缺陷的胎儿进行堕胎。患指定遗传性疾病的患者要推迟结婚。虽然执行得并不严格且参差不齐，甚至在实施过程中存在一些问题，但这项法律至今还依然存在。

1985年，秘鲁在美国国际开发署的协助下，宣布堕胎和绝育为非法，开始免费提供避孕药具，并在保证生育自由的同时开展性教育——所有这些都是减贫计划的一部分。他们还开展了一场主要针对高原农村社区的轰轰烈烈的绝育运动。与印度一样，政府官员也受到达成绝育配额的压力。这造成了在 1986 至 1988 年间约有 25 万妇女（主要是原住民克丘亚人和艾马拉人）被绝育，而且常常是强制性的。1995 年在北京举行的联合国妇女大会上，秘鲁总统阿尔韦托·藤森（Alberto Fujimori）[1]宣称他的政策是女权主义的一次突破，但实际上，这一政策与那些贯穿整个 20 世纪的、经常受到优生学家支持的、针对种族的绝育政策如出一辙。

在斯堪的纳维亚各国，20 世纪 30 年代开始生效的绝育政策在战后仍然被执行，尽管出于优生原因而进行的绝育比之前要少得多。在美国，1970 年的《计划生育和人口研究法》设立了专门用于计划生育的特别拨款，并取消了禁令，允许联邦政府为绝育提供资金。该法虽然为不太富裕的家庭提供了更为多样的计划生育选择，但它也为诊所提供绝育手术甚至鼓励人们进行绝育带来了机会。在实

1　日本裔，1990—2000 年任秘鲁总统，于 2005 年在智利被捕。2006 年，秘鲁以藤森在任期间涉嫌屠杀、挪用公款等为由，向智利递交了引渡藤森的申请。

践中，贫困和少数族裔的妇女往往承受很大的压力，迫使她们不得不选择绝育而不是暂时性的节育方法。1973 年，南卡罗来纳州艾肯县立医院的三名医生告诉享受医疗福利的女性产妇，除非她们同意绝育，否则在三次分娩之后医院将拒绝继续为她们提供医疗服务。因此，当年在该医院享受福利分娩的人中约有三分之一被绝育。

一系列备受瞩目的诉讼案曝光了在美国持续进行着的非自愿或半自愿绝育行为。1973 年，南方贫困法律中心 [1] 代表两名年龄分别为 14 岁和 12 岁的非裔美国姐妹提起了一项诉讼，并因此引发了之后的多项诉讼。这对姐妹被诊所工作人员认定为患有精神发育迟缓，而且妹妹还患有身体残疾。这两名女孩在亚拉巴马州的一家由联邦政府资助的诊所接受了绝育手术——因为她们的文盲母亲签署了一份以为只是为她们实施节育手术的同意书。由于这一诉讼发生在塔斯基吉梅毒实验事件曝光之后不久（该实验为了追踪非裔美国人的梅毒发病进程而对 400 名患有梅毒的黑人男子不予治疗），而该实验同样也得到了联邦政府的资

1　南方贫困法律中心是一个专门从事民权和公益诉讼的非营利性组织，以反对白人优越主义而闻名。

助，同样也发生在亚拉巴马州，因此诉讼引起了相当大的
舆论关注。在这一诉讼的激发下，其他地方有过类似遭遇
的女性纷纷提起诉讼，包括北卡罗来纳州、南卡罗来纳
州、加利福尼亚州以及为原住民妇女提供治疗的印第安医
疗服务机构。在美国南部腹地，对有色人种女性实施绝育
的做法非常普遍，以至于当地称之为"密西西比阑尾切除
术"[1]。与二战前优生学的做法相仿，那些接受绝育手术的
人绝大多数来自少数族裔，许多被归类为精神发育迟缓。
在北卡罗来纳州，被合法绝育的人中约 40% 是黑人。

1995 年，莉拉妮·缪尔（Leilani Muir）在接受智力
测试之后起诉了加拿大艾伯塔省，以认证该省之前因把她
定为"愚笨"而绝育的做法是毫无根据的。她获得了一大
笔和解赔偿金，这引发了之后大约 750 起类似诉讼的浪
潮。另一起案件则让人想起了曾轰动一时的 1936 年库珀-
休伊特案：因其母向法院请求，一名女子在 15 岁时被强
制绝育了，她起诉了当时批准绝育的法官，但最终败诉。

1　该名词是由黑人民权活动家芬妮·露·哈默（Fannie Lou Hammer）创造
的，希望借此提高社会对有色人种非自愿和误导性绝育的关注。用"阑
尾切除术"似乎在暗示手术前对患者的误导——是个"小手术"。

她的母亲当时声称她精神发育迟缓，而法庭并未要求进一步的证据就批准了绝育手术。这起 1978 年始于印第安纳州的斯顿普诉斯帕克曼案（*Stump v. Sparkman*）一直上诉到美国最高法院。最高法院裁定，出于法律技术上的原因 [1] 当时批准绝育的法官不能被起诉。

在更近一段时间，避孕植入物——诸如 1991 年推出的诺普兰（Norplant）[2] 等——的使用推动了美国财务激励方案的实施，为愿意接受植入的妇女提供公共资金援助或为愿意接受植入的罪犯缩短关押时间。20 世纪 90 年代初，许多州的提案中将福利援助与妇女被植入诺普兰捆绑实行，这让人们预见未来可能会出现的强制节育——旧时代的优生思想与新技术的结合。

遗传学、生物学与优生学

对全球流动人口的关注或许是二战后新近产生的，但是用于降低或提高出生率的策略还是熟悉的优生政策，即

1　"技术上的原因"通常是当所有理由用尽时用于逃避问题的术语。
2　诺普兰是一种高效的女用避孕药，通过植入女性上肢皮下并释放左炔诺孕酮来抑制卵子受精，有效期长达 5 年。

预防（消极优生学）或鼓励（积极优生学）。随着人类遗传学的迅速发展，这些历久弥新的优生思想也吸纳了生殖操纵的新技术：在出生前甚至在受孕前预测胎儿遗传缺陷和性别的能力，以及无论是在宫内或宫外、孕妇体内或体外都能积极干预的能力。这种生物学和遗传学的"联姻"通常被称为生殖遗传学。

许多评论家指责，生殖遗传技术构成了当代的优生学。早在 1969 年，分子生物学家罗伯特·辛斯海默（Robert Sinsheimer）就把基因工程 [1] 戏称为一种新的优生学，并承认"伦理困境仍然存在"。大量遗传学和分子生物学的研究都涉及生殖，支持者声称，这些研究提供了一种解决生殖决策的方法——既无涉早期优生学令人不安的行为，也不会在当代价值观下造成心理负担。然而，在优生运动的整个历史进程中，其倡导者提出了相似的理由，坚称这种改善人类繁育的科学方法是与价值观无关且中立的，并且

---

1 基因工程是改变细胞遗传组成的生物技术，通过 DNA 重组等遗传操纵方法将外源 DNA 插入宿主生物的基因组，从而实现对生物有针对性的改良，例如可以合成胰岛素或凝血因子的微生物。近些年流行的基因组编辑（genomic editing）、合成生物学（synthetic biology）技术在广义上也属于基因工程。对人类细胞的基因组进行改造（目前在伦理上存在巨大争议）则进入了优生学的思想范畴。

是以事实和科学为基础的。可以肯定的是，现今遗传学的发展在许多情况下已经驳斥了早期优生学家的一些主张；但我们无法预知的是，目前的主张是否在未来的某一天看来会变得不适当甚至是错误的。这种思考不是为了贬低新研究为生殖领域所带来的诸多好处，而是为了提醒人们曾经历过的一段漫长而复杂的历史。正是这段历史，让社会学家希拉里·罗斯（Hilary Rose）将优生学和遗传学[1]称为"连体双胞胎"，这是对优生学所大量依赖的双胞胎研究的讽刺式回应。新技术的支持者则提出了与罗斯截然不同的解读。例如，社会医学教授希拉·罗思曼（Sheila Rothman）和戴维·罗思曼（David Rothman）夫妇拒绝承认生殖遗传学与优生学在任何意义上存在联系，他们倡导使用"强化"一词作为描述基因操纵前景的更好方式。

关于生殖问题的遗传咨询在第二次世界大战结束后不久就开始了。早期的咨询通常依赖于优生学档案办公室在优生研究的鼎盛时期开发的家谱图。在瑞典，第一代遗传咨询顾问在工作过程中编纂了类似的家谱信息。1946 年，

1　这里应特指生殖遗传学。

由优生学家约翰·弗雷泽·罗伯茨（John Fraser Roberts）主持的英格兰第一个遗传门诊部在伦敦的大奥蒙德街医院营业。遗传咨询成为产前乃至备孕护理的重要部分，特别是在堕胎已经合法化的地区。西方早期的遗传咨询工作主要是为了避免有缺陷的婴儿出生，因为人们相信终止其妊娠符合所有人的最佳利益。到了 20 世纪后期，残疾人权益呼吁者抨击了这种观点，他们批评这种只有完美的婴儿才有价值的世界观，并否认正常人与残疾人之间存在严格的区分界限。这些批判引发了向非指导性遗传咨询的转变，但并未在全世界范围内普及；在许多地方，遗传咨询仍然是指导性的，用以辨别理想的与不理想的婴儿。

诊断性羊膜穿刺术（对胎儿遗传组成的产前诊断）[1] 为遗传学在生殖保健中的广泛应用打开了大门。使用羊膜穿刺术检测胎儿缺陷在 20 世纪 60 年代末传播开来，先是在不列颠群岛，后又到了美国。1972 年，人们利用超声

---

1 通过检验含有胎儿组织的少量羊水确定胎儿可能存在的遗传异常。例如，可以通过对胎儿细胞的核型分析对唐氏综合征（21-三体综合征）等染色体数目异常进行产前筛查。

技术引导针头，使得羊膜穿刺术的安全性大大提高[1]。虽然能做羊膜穿刺术的地方很多，但昂贵的费用始终是其在世界绝大多数地区的应用仅限于富裕女性的因素。遗传检测的另一个常见应用是筛查新生儿需要立即进行治疗的遗传性疾病，如β-地中海贫血、苯丙酮尿症、镰状细胞贫血。苯丙酮尿症是一种隐性遗传[2]的肝脏代谢紊乱，其患者缺乏一种帮助代谢苯丙氨酸的酶，而苯丙氨酸广泛存在于各类食品中[3]。未被代谢降解的苯丙氨酸会大量累积，并阻碍大脑的发育，但这可以通过出生后不久就开始食用不含或仅含少量苯丙氨酸的低蛋白食物来预防。到20世纪60年代，对苯丙酮尿症的新生儿筛查已经在许多国家中普及，而到了1967年，美国有43个州已强制要求进行这种筛查。如今，美国几乎每个州都要求在婴儿出生时筛查约

1　可以在取样过程中避开胎儿、胎盘和脐带。目前，羊膜穿刺术引起的胎儿流产风险一般来说不超过1%。近几年发展起来的无创DNA产前检查（non-invasive prenatal testing）可以通过抽取孕妇外周血，对其中游离的胎儿DNA进行高通量测序分析，实现更为安全的产前检查与诊断。

2　由常染色体上的 *PAH* 基因控制，当两个拷贝都失去活性时才会发病，这意味着即使父母双方都没有症状，后代依然有可能患有苯丙酮尿症。

3　因为苯丙氨酸是组成（地球上大多数）生物体蛋白质所需的20种氨基酸之一。

20 种疾病[1]，这不需要父母的同意，并且得到了人们的广泛接受。

相比之下，镰状细胞贫血则提供了一个遗传筛查如何引发争议的案例。镰状细胞贫血患者的红细胞携氧能力较弱，而且其形状改变（镰状）的倾向容易造成血管阻塞，这使得该疾病的危险性很高。虽然镰状细胞贫血病例在世界各地的许多人群中都存在，但是在美国，非裔患有该疾病的比例尤其高。因此，早期的预防方案主要针对的是黑人人群。20 世纪 70 年代，当州立公共卫生部门开始规定针对特定种族进行镰状细胞贫血筛查时，黑人医生和活动家质疑为什么需要对这种尚未有治愈方法的疾病进行筛查——他们认为这些计划含有种族目的，并联想到了早年的优生实践。他们还强调镰状细胞贫血患者与镰状细胞贫血基因携带者之间的重要区别（后者尽管带有镰状细胞贫血的基因，但其个体依然健康）[2]。《1972 年国家镰状细胞贫

1　新生儿出生 72 小时之后采集足跟血即可筛查。在我国，苯丙酮尿症和先天性甲状腺功能低下等筛查属于免费项目。先天性甲状腺功能低下与苯丙酮尿症类似，如果出生数月内不开始治疗会造成发育迟缓和心智障碍——只需每日口服甲状腺素即可恢复正常水平的智力发育。

2　镰状细胞贫血是隐性疾病，即需要两个等位基因均突变时才致病。携带者（单个等位基因带有突变，而另一个等位基因正常）的症状非常轻微。

血控制法》在其导言中错误地声称有 200 万美国人患有这种疾病，而实际上只有大约 10 万人，其余的都只是基因的携带者。这一错误的信息引发了巨大的恐慌，对美国黑人造成了沉重打击。20 世纪 70 年代初，四名黑人新兵在一次高海拔陆军招募训练中死亡，之后美国空军学院就取消了镰状细胞贫血基因携带者的入学资格[1]，直到 1981 年才恢复。许多航空公司要么让该基因携带者停飞，要么干脆解雇了他们。保险公司不但提高了镰状细胞贫血患者的医疗保险费率，还同时提高了基因携带者的费率。在美国部分州，学生入学需要接受镰状细胞贫血筛查（在撰写本书时，这项政策中关于儿童疫苗接种的部分正被重新评估），这激怒了黑人群体，他们认为这项短命的政策是有歧视性的、毫无意义的，而且是建立在错误的科学之上的。

然而，也有一些地区的筛查项目取得了很大的成功。在塞浦路斯，β–地中海贫血（一种类似于镰状细胞贫血的隐性遗传病）非常普遍，该国开发出了一套非常成功

---

1 因为推测高海拔或高空低氧环境是对基因携带者更严酷的考验。

的筛查方法。在家长的支持下，1972 年在该岛希腊族区的一侧[1]开展了一场公共宣传运动，旨在通过遗传筛查与咨询来预防有贫血缺陷儿童的出生。当 1977 年胎儿镜检查[2]投入使用时，绝大多数女性选择接受检查并决定终止有贫血缺陷胎儿的妊娠。受到这一方法所带来的 β-地中海贫血胎儿出生率下降的鼓舞，塞浦路斯北部土耳其族区于 1980 年引入了强制性婚前筛查政策。尽管这一政策实际上明显带有优生性质，然而由于其严格针对一种已被充分了解的病症，又有一项几乎万无一失的检查方法，因此对歧视的指控失效了。在与东正教会领袖谈判之后——筛查和咨询的支持者提出，堕胎率随着时间的推移将会降低而非提高[3]——岛上希腊族区一侧于 1983 年也采取了同样的政策。塞浦路斯项目取得了巨大的成功，基本上在短时间内就消灭了 β-地中海贫血。而且塞浦路斯政策并不

1　塞浦路斯共和国成立于 1960 年，独立后，希腊、土耳其两族多次发生冲突，现形成两族南北分治的局面。
2　胎儿镜检查是在妊娠期间通过内窥镜进行的产前诊断方法，可以取出部分组织样本进行活检。
3　因为通过遗传筛查可以降低人群中有害等位基因的频率，进而减少未来纯合体胎儿出现的可能性。降低堕胎率是东正教会希望看到的，因此该论点在谈判过程中有所帮助。

禁止携带者之间的婚姻 [1]，它唯一的强制要素是要进行遗传筛查。从 1999 年起，不接受堕胎的父母可以免费获得胚胎植入前诊断 [2]。有意思的是，在同样受到 β-地中海贫血困扰的希腊，效仿塞浦路斯模式的尝试却以失败告终。

塞浦路斯方案的部分内容被以色列采纳。在那里，病人只需花费很少或根本不需要任何费用就能获得遗传生殖技术的服务。婚前筛查虽然是自愿的，但人们的接受度很高；堕胎在非正统派以色列犹太人中几乎没什么心理负担。（对于穆斯林来说，伊斯兰教法并不完全禁止在怀孕的前 120 天以内堕胎。）政府在（包括胎儿缺陷在内的）一些情况下承担堕胎费用，还支付最多两个孩子的试管婴儿费用以及代孕的胚胎移植费用。因此，当代以色列的政策是明确鼓励生育主义性质的，且严重依赖于针对备孕期的新型遗传技术来改善生育。

另一个成功的筛查案例来自美国的 Dor Yeshorim（意

---

1 由于该疾病是一种隐性遗传病，突变基因的携带者之间的后代患病概率为 25%，而正常人与携带者之间的后代则不会产生患者。
2 在试管婴儿的胚胎植入之前（例如在受精卵分裂到 8 个细胞时取出一个细胞——一般认为这并不影响胚胎的正常发育）分析胚胎的遗传物质是否存在异常的一种早期产前筛查方法，可以通过挑选正常的胚胎植入子宫来避免未来潜在的堕胎需求。

为"正直人的后代")组织[1]。1983 年，该组织开始为常染色体隐性遗传的泰伊-萨克斯二氏病[2]提供遗传检测（这种基因在德系犹太人中更为普遍），试图阻止两个携带者结婚。该组织目前在 11 个国家筛查大约 16 种隐性遗传病，并在其网站上指出了促进健康婚姻的重要性——这一关注点明显与优生目标相关。

1990 年，胚胎植入前遗传学诊断——在体外检测胚胎的遗传缺陷——的发展让父母可以选择是否进行妊娠。与羊膜穿刺术不同，胚胎植入前遗传学诊断还可以查出婴儿的性别[3]，因此在长久以来有着重男轻女观念的国家，该技术被禁止应用于性别选择。印度于 1996 年颁布了禁令，但人们往往不把它当回事：在许多地方，早年常见的杀害女婴行为正迅速被那些能够负担得起这项检测的父母用胚胎选择取代。

1　一个为全球犹太人提供遗传筛查的非营利性组织，也称为犹太遗传病预防委员会。该组织名称来自犹太教的主要宗教经典《圣经·旧约·诗篇》的第 112 篇第 2 节：The generation of the upright will be blessed.（正直人的后代必要蒙福。）

2　婴儿在 3—6 个月大的时候表现出失去翻身、坐下或爬行能力的症状。该疾病由编码一种溶酶体酯酶的 *HEXA* 基因的突变所引起，会造成儿童大脑发生退行性病变。

3　羊膜穿刺术同样可以判断性别。两种技术的差别在于在胚胎着床前还是着床后判断性别。

因此，遗传技术不仅可以针对疾病与缺陷开展治疗和预防，还能够改善生育——至少在富裕的家庭中，可以对未来孩子的遗传构成进行选择。这显然就是优生运动的梦想。支持者歌颂这些新技术是减少人类痛苦的手段；有些人甚至认为，既然这些技术存在，人类就有义务去提高后代的遗传质量，而不仅仅是在疾病出现之后再对其进行治疗。有许多人，如分子生物学家李·西尔弗（Lee Silver），主张生殖遗传学只应受到市场的约束。罗思曼夫妇认为，利害攸关的是"允许科学制定自己的议程……允许以对人生幸福的追求来推动临床护理的进步……允许给予商业利润动机几乎无限制的许可，并允许个人行使自主权与选择权"。乐观主义者认为，那些有支付能力去改善未出生孩子基因的父母不应该受到阻碍。西尔弗在他那本书名就直抒胸臆的《重建伊甸园》[1]中表明立场：如果我们愿意承认"孩子出生后父母所享有的权利"，那么"在出生前反对这一权利"就是不合逻辑的。

---

1 该书全名为 *Remaking Eden: How Genetic Engineering and Cloning Will Transform the American Family*（《重建伊甸园：基因工程和克隆将如何改变美国家庭》）。

1998 年，美国人类遗传学会发表了一份声明，反对在生殖选择中使用强制手段。第二年，一批生物伦理学家在发表的一篇题为《什么是优生学中的不道德行为？》的文章中称强制和胁迫"在道德上是不正当的"。（然而，）他们坚持认为，真正的平等[1]在于"优生选择……能被所有想要的人获得。"并且声称，当父母选择孩子的发色或技能天赋时，并不会产生任何危害。在他们看来，这与以特定的价值观或信仰来抚养孩子毫无二致。真正的问题不在于优生学本身，而在于其被错误地应用。

西尔弗、罗思曼夫妇等人主张个人选择原则，而哲学家朱利安·萨武列斯库（Julian Savulescu）和英马尔·佩尔松（Ingmar Persson）则认为，选择最好的孩子是父母的责任，而且称"道德提升"是人类生存的核心。生物伦理学家约翰·哈里斯（John Harris）声称，一位怀疑胎儿可能患有遗传性疾病的妇女，如果不去做产前检查，那就犯有道德过失罪。哈里斯并不回避与优生学的联系，而且

1　平等（equality）意味着确保每个渴望的人（包括遗传上已经"足够"好但希望变得更好的人）都有相同的机会。这不等同于公平（equity），后者是指给有"需求"的人（遗传上有缺陷）更多机会。

不容置疑地认为，残疾是一种低劣的生活方式，多亏生物学知识的进步使其逐渐能够被避免。

正是人们这样的态度，加上日益成熟的遗传学技术，推动了曾在两次世界大战间隔时期出现过的人工授精观念的复兴。赫尔曼·穆勒本人在 20 世纪 60 年代早期再次提出了这个想法[1]，主要目的是缓解对他所称的"遗传负荷"（人群中缺陷基因的出现频率）日益增长的担忧。穆勒的"突变负担"理论提出，医疗干预以及福利措施使得缺陷基因不太可能在早期被消灭[2]，会造成人类遗传负荷的上升，并将进一步加快新突变出现的速度[3]。根据他的估算，大约八代之后，人群中虚弱易感和智力低下的情况会越来越严重，而辐射暴露[4]的增多将进一步加速这一过程。两次诺贝尔奖获得者、著名的镰状细胞研究者莱纳斯·鲍林

1　他在 1935 年的著作《走出黑夜》中提出对生殖进行积极的科学干预，见第三章。

2　由于这些医疗措施和福利政策的存在，本可能被自然选择淘汰的患有遗传性疾病的个体将有机会活到成年并生育子女，从而把缺陷基因传给后代。

3　因为随着突变的积累，细胞中 DNA 复制机器的保真度会下降，同时突变修复的机制也可能会受到破坏，从而进一步提高突变的速率。

4　紫外线、核泄漏、医疗检查（例如 CT、胸透）、装修（例如一些大理石）等的辐射都会提高 DNA 突变的速率。目前一般认为 Wi-Fi、手机、微波炉、高压电等非电离辐射的能量不足以直接引起 DNA 突变。

（Linus Pauling）[1]有着与穆勒类似的担忧，他担心人类突变率在医疗干预和电离辐射的双重负担下会日益加快。威廉·肖克莱也抱有同感。

穆勒提出了双重解决方案——基本上仍是基于优生学的：减少高遗传负荷人群[2]的生殖，同时抚育那些具有最佳基因的人群。正是在这种背景下，他重提了人工授精的想法，认为可以以其作为一种手段，通过鼓励带有良好基因的人群的生育来实现稳定平衡[3]。在20世纪50年代早期精子冷冻技术的成功推动下，他倡导了他当时称为"精种选择"的项目。该项目的资金一如既往来自富有的个人——这次是一位加利福尼亚眼镜片制造商罗伯特·格雷厄姆（Robert Graham）。在穆勒的有生之年，这个项目没有取得任何进展，主要是因为他与格雷厄姆在这个项目中的目标并不一致。穆勒去世后，格雷厄姆于1971年创立了"精种选择储藏所"，只收集和冷冻诺贝尔奖获得者的精

---

1 鲍林以《化学键的本质》（*The Nature of the Chemical Bond*）而闻名，也在生物大分子结构领域做出过重要贡献，于1954年获得诺贝尔化学奖。由于他反对核武器试验以及反对任何以战争作为解决国际冲突的手段，于1963年获得1962年的诺贝尔和平奖。

2 即携带较多缺陷基因的人。

3 这里"生育"应特指提供精子用于供精人工授精，以实现突变的出现与"自然选择"对其消除之间的动态平衡，避免过高的遗传负荷。

子，并邀请雷蒙德·卡特尔等一些直言不讳的优生学家加入到他的顾问委员会中。格雷厄姆的精英主义冒险做法引起了人们的侧目，并最终于 1999 年遭到了抛弃。然而，自此之后精子库[1]就成为了生殖领域的一部分，丹麦和美国则是精子的主要供应国。若精子来自具有广受欢迎的天赋的个体或来自具有其他理想特征的个体，则会更加昂贵，尽管（"优秀"个体之间产生的）后代迟早要回归到人群平均水平[2]，这是历代优生狂热分子都一再忽略的事实。

反对的声音

面对新遗传技术所带来的生殖可能性，反对的声音来自多个方面。批评者指责，对完美胚胎的追求可能会加重对残疾人的歧视，而且，父母不合理的过高期望可能会对孩子造成伤害。另一些人则认为，遗传性疾病的罕发让广泛的胚胎筛查显得过于浪费。绝大多数科学家现在认为，

1　精子库是储存和出售人类精液的设施或企业，可以通过人工授精或试管婴儿技术帮助女性孕育后代。

2　高尔顿提出的统计学概念，原因是一个优秀特征的形成不仅由基因的加性效应决定，也与基因之间的相互作用以及环境有关，而后面这些因素往往无法传递给下一代。这一概念被称为"回归平庸"。

遗传构成只是疾病易感性的一个因素；许多人担心，过分
强调生物因素会低估经济与社会条件的作用。遗传学家莱
昂内尔·彭罗斯和特奥多修斯·杜布赞斯基（Theodosius
Dobzhansky）[1]在第二次世界大战前就提出了这一观点，
主张判别基因好坏需要在特定的环境背景下进行。镰状细
胞贫血基因就是一个支持他们研究结论的例子：该基因处
于杂合体状态时可以帮助抵抗疟疾[2]，因此不能简单说
它是一个"坏"基因，而是在特定环境中具有独特的
优势。近期诸如此类的批评让人回想起 20 世纪初那些对
优生学科学性的质疑。

奥尔德斯·赫胥黎、叶夫根尼·扎米亚京等所著的
小说将优生学描述成对国家效率的乏味追求，身处其中的
人类几乎完全作为履行指定任务的工具人而存在。对优生
愿景的这种解读在战后依然流行不衰。英国社会学家迈
克尔·扬（Michael Young）在他 1958 年出版的讽刺小说

1　杜布赞斯基（1900—1975），杰出的俄裔美国遗传学家和进化生物学家，
　　是现代综合进化理论的领军人物之一。与穆勒等科学家提出了著名的贝
　　特森-杜布赞斯基-穆勒基因不相容模型，可用来解释物种形成过程中生
　　殖隔离的发生机理。杜布赞斯基还是我国现代遗传学奠基人之一谈家桢
　　（C. C. Tan）的博士导师。

2　杂合体即二倍体中携带一个正常基因和一个缺陷基因，也就是前文所提
　　到的缺陷基因的携带者。携带者的红细胞会偶尔破裂，限制了寄生疟原
　　虫的繁殖。

《精英政治的兴起》（*The Rise of the Meritocracy*）中对未来进行了这样的描述：在一个有序运转、毫无生机、追逐效率的未来世界中，公民必须持有一张显示其智力状况的国家智力卡；发放这些卡片的机构是拥有无上权力的"优生学总署"。战后的科幻小说中经常会出现永远无法拥有完全人性的基因改造人，暗指了一个经由基因工程打造的反乌托邦的未来。

种族与遗传学

与早期的优生学一样，对遗传学的主要批评之一集中在极具争议的种族问题上。自 20 世纪 40 年代以来，众多杰出的科学家就种族与科学之间的关系发表了一系列的声明。第一份声明发表于 1939 年，当时遗传学领域 32 位首屈一指的科学家共同签署了《遗传学家宣言》（*Geneticists' Manifesto*）[1]。该声明在否认种族概念具有任何生物学基础

---

1 此处疑为作者笔误，应为 1939 年由 23 位科学家联名发表于《自然》（*Nature*）期刊上的《社会生物学与人口改良》（*Social Biology and Population Improvement*）一文。《优生学宣言》（*Eugenics Manifesto*）是后人根据其支持优生学的立场而简化的题目。多位本书中介绍的科学家签署了名字，包括霍尔丹、赫胥黎、穆勒、杜布赞斯基等。宣言中写道："第二次世界大战已经开始，作者明确谴责种族之间的对抗以及好或者坏的基因为某些民族所独有的理论。"

的同时保留了优生学作为社会福利工具的地位，表明了支持节育、呼吁缓解贫困与饥荒的立场。其中一位签署者是战后的联合国教育、科学及文化组织（UNESCO，简称联合国教科文组织）的首位总干事朱利安·赫胥黎。1950年，联合国教科文组织在他的领导下发表了一份声明，大意是种族概念是社会虚构的，而非生物学现象。这一声明没有在科学家群体中引起共鸣，因为当时的科学界还不存在这种共识；有些人反对他们从文件中所读到的反优生元素。半个世纪后的 1995 年，联合国教科文组织发表了另一份声明，再次宣称种族在生物学意义上既没有实用性也没有合法性。尽管当代主流科学否认了种族差异的生物学基础 [1]，但争论远未终结——活动家们常常发现，残留的种族观念以"新瓶装旧酒"的方式换了个说法在群体遗传学中重现了。

批评者认为，遗传学中一直存在的种族研究并没有将当代研究与早期的优生成见拉开距离。种族一直是优生

---

[1] 随着越来越多的人类基因（组）测序工作的完成，种族的定义没有生物学价值这一观念已然深入人心。人类共享所有基因，"种族"内部的遗传多样性远大于"种族"之间，几乎不存在任何一个遗传多态性由某"种族"所独有的情况，因此"种族"之间没有清楚界限，更没有划分为三类（黑人、白人、黄种人）的依据。

学的一个考量，这可以从 1945 年以来的强制绝育中看出来——绝育首先针对的是贫困和少数族裔妇女。种族差异也继续被用作智力指标的一个解释因素。而智力测试和绝育这二者与优生学的关联是无可回避的。1969 年，阿瑟·詹森（Arthur Jensen）声称，智力主要由遗传因素决定，且就像布里格姆、特曼等人早在半个世纪前所说的那样，非裔在智力测试中的得分最低。尽管没有完全排除环境因素的影响，詹森还是认为"黑人和白人的平均智力差异与遗传因素密切相关"是有理有据的。他的导师、英国心理学家汉斯·艾森克（Hans Eysenck）对此表示赞同，声称白人构成了一个更优等的智慧种族。

詹森、艾森克以及他们的追随者都在国际高级种族研究所任职。该研究所的《人类季刊》（*Mankind Quarterly*）为那些越来越无法为主流科学期刊所接受的研究工作提供了一个展示平台。国际高级种族研究所不过是又一个在富人慷慨资助下存活的优生组织：威克利夫·德雷珀（Wickliffe Draper）长期以来一直资助各种优生项目。他曾在两次世界大战间隔时期为"种族混合"研究提供资金，并于 1937 年创立了先锋基金以支持"种族改良"研究。该基金至今仍在支持类似的研究，其中的大部分研究被许多评论家认为兼具种族主义和优生学的色彩。它也是1994年加利福尼亚州187号提案的捐助机构之一，该提案拟禁止非法移民及其子女接受政府服务。20世纪50年代，它还帮助众议院非美活动调查委员会[1]证明非裔美国人是劣等的——该委员会建议，非裔美国人应该被遣返回非洲。

詹森这样的研究出现在以优生学为基础的法律和政策备受关注的时期。美国和加拿大从20世纪70年代开始废除强制绝育法。20世纪80年代，瑞士为曾将耶尼什儿童从他们的家庭中带走致歉。1996年，瑞典开始向那些被强制绝育的人提供赔偿，美国的许多州也在21世纪初为它们过去所实施的绝育方案正式致歉。然而，就在这些道歉与赔偿发生的同时，世界各地的少数族裔和贫困妇女仍会在未同意或被胁迫的情况下被实施绝育。优生思想可能已被大众唾弃，然而在新技术已将曾经认为不可能实现的

1　创立于1938年，初始目的是监控美国纳粹的地下活动；二战后负责调查共产主义活动、不忠与颠覆等行为。于1975年废除，职能由众议院司法委员会接替。翻译为"反美活动调查委员会"会更为得体，但这里遵循大多数已有翻译方式，仍旧译为"非美活动调查委员会"。

操纵生殖的梦想变为现实的今天，优生学的相关政策往往还在继续执行。人们对"可遗传性"的关心并没有消失，遗传学的新关注点确保了它的延续。基因决定了性取向或特定技能的错误观念仍然广为流传且根深蒂固，科学研究则在继续探索基因与环境之间的关系。虽然科学家的侧重点可能各有不同，但他们大多承认，在解释性状的遗传时，先天与后天是存在相互作用的。

前方的路

优生学最初是作为控制生育的一种手段出现的——在一些情况下防止生育并在另一些情况下鼓励生育。在二战后的遗传学大发展时代，这些原则得以完整保留，但加入了操纵和预测的选项。随着日益精细的生殖遗传学允许人们对生殖拥有更多的控制权，优生学的重点转移到了究竟由谁来做出决策的问题上来。在20世纪二三十年代的优生学鼎盛时期，"共同利益"经常被拿来当作限制生育、移民与行动自由的理由。在各种政治环境中，"国家"或"种族"都要优先于个人自由。纳粹德国的暴行让许多人开始重新审视这种立场，尽管国家层面的干预在前东欧集团、美洲大陆和主要的亚洲国家并没有完全消失。

例如，2011 年，印度拉贾斯坦邦开始向那些同意接受绝育的人提供重大奖励——英国广播公司戏称其为"汽车换绝育"的方案。拉贾斯坦邦并不是唯一一个将消费品用作计划生育激励措施的地方，这表明优生学有了新的侧重点，我们可以称它为"消费者优生学"[1]：不仅人们可以通过放弃生育来换取物质产品，而且个人或夫妻还可以利用越来越多的遗传选择来管理自己的生育。无论是选择植入前诊断来避免胎儿缺陷还是选择遗传筛查，从科威特到美国堪萨斯州，从印度到冰岛，世界各地的诊所都提供了一系列与父母想要什么样的孩子直接相关的生育选项。这些选项可以包括性别与智力，但是当前来说，认知障碍与身体残疾仍然是生育选择的主要焦点。消费者优生学还提供生殖劳动的外包——过去，富裕家庭的妇女会雇佣奶妈来给宝宝哺乳；如今，代孕则是贫穷国家妇女的一种谋生手段。

1　又称为新优生学（neo-eugenics）或者自由主义优生学（liberal eugenics），其强调以市场为基础、以消费者为导向，生育后代被当作一种消费。

正如过去约半个世纪的其他重要历史潮流一样，这些技术与机遇已经深刻地改变了生殖的面貌。冷战时期的人口焦虑、女权主义的重新抬头、消费主义的急剧膨胀以及全球化的快速发展，都在塑造着生殖遗传学所带来的越来越多的个人选择。

然而，批评家沮丧地发现，优生学非但没有消失，反而在新的社会形态与遗传学研究中焕发了新生。社会学家多萝西·沃茨（Dorothy Wertz）于 1998 年开展了一项关于医学遗传学伦理问题的调查。她向 36 个国家的约 3000 名遗传学专业人员分发了问卷。问卷中避开了"优生学"这一带有污点的术语，但询问了有关强制绝育、胎儿遗传性疾病的咨询、残疾人在社会中的地位等问题。她发现，受访者普遍支持父母的选择，但也坚持认为父母应该表现出社会责任。她还发现，许多地方的遗传咨询是"故意倾斜的"且"有时伴随着有明显指向性的建议"，并由此预测，随着"遗传学成为普通医学的一部分，指向性可能会愈发明显"。

毫无疑问，优生学并没有在第二次世界大战后消失。它可能不再以同样的方式进行实践，而且我们也没有理由认为在技术进步的今天它仍然会按照过去的方式进行实践。但是，在这个遗传认知日益深入的时代，改善、指导和控制人类生殖的欲望是如此的强烈，以至于优生的愿望和目标不太可能烟消云散。正如优生学一直以来的情况一样，它仍然是一场极具多样性的运动，产生了各种各样的观点与立场，其中很多确实出于善良的本意——即便在实践中不总是这样。在当代优生实践中，最明显的或许是对个人选择和市场导向的强调。早期的优生学在很大程度上依赖于国家政策的推行（尽管大量资金仍然来源于私人），而今天的优生学已经减少了政府的参与程度，越来越注重个人选择。新生殖遗传学的支持者为根据个人选择强化与改良后代的前景而欢呼，这无疑是一个令人振奋的机遇，但他们却很少愿意抽出一点时间来思考，一个由消费者做出选择的世界对那些没有经济能力参与其中的人的影响。消费时代能否孕育出完全非强制性的优生学仍有待观察，但我们应该牢记人类为早期的诸多优生实践所付出的生命代价，这些重负曾如噩梦般落到那些最无法承受也最无力反抗的人身上。

译后记

在中文语境下，优生是一个褒义词，往往和"优育"连用，反映了人们对健康后代的美好向往。第一眼看上去，优生学应该是一个研究如何优生优育的学科，也可能是医学院的一门课程。然而，实际情况与这一直觉形成了巨大反差——优生学横跨了科学与社会两大领域，是人类文明发展中的一段重要的历史。

我和张硕翻译这本书的初衷就是希望向大众普及这样一段历史，而这种普及的价值是我这些年在中国科学院大学教授研究生课程"群体遗传与分子进化"的过程中逐渐意识到的。在课堂讨论了两个数量遗传学问题——如何判定一个疾病（例如心脑血管疾病）主要受遗传影响还是环境影响？如何找到致病基因？之后，我向同学们提问，社会应该怎么对待携带这些致病基因的个体？有一位同学说应该"不让他们生孩子",并且这一提议得到了很多同学的支持。(当然也有一些同学旗帜鲜明地反对这一观点。)我相信这些支持"限制生育"的同学是理想主义者,单纯而由衷地希望这个社会变得更美好,而通过社会政策避免不健康后代的出生从而提高人口质量正是人们掌握了一定遗传学和进化生物学知识后顺理成章的直觉反应。读完本书,读者想必已经对这种直觉可能带来的社会恶果心中有数——克服优生学直觉需要的恰恰就是了解这段历史的方方面面。

翔实的史料是本书最大的特点。作者莱文教授仅用了很短的篇幅就通过白描式的语言勾勒出了优生学的全景,从遗传学、统计学、医学、社会、民族、教育、法律、宗教、政治以及文学等角度全方位速览了优生学。本书着重解读了优生学支持者与反对者观点的内在逻辑,涉及了不同立场的人对优生学的态度、这些态度随时间发生的变化以及这些变化的内在和外在原因。难能可贵的是作者在全书中没有进行过多的评价,留给读者充分的思考空间。本书提纲挈领,特别适合有志于进一步了解优生学这段历史的人作为入门材料。

正因为作者没有进行过多的评价,我希望读者在思考时可以特别留意以下两点。一是优生学曾经带来的人道灾难是显而易见的，正因如此，人们难免不情愿承认优生学中也存在有价值的思想，甚至可能会以一个想法有优生推论之嫌为耻。这大可不必。我国实行的产前检查（例如唐氏综合征筛查）和新生儿遗传检测（例如苯丙酮尿症筛查）都是优生学中"好的"内容。"好的"优生学措施与20世纪初那些"坏的"优生学措施存在本质的区别——前者不受阶级、种族、宗教等因素的影响，而后者则是打着提高国民素质的旗号，服务于精英主义和种族主义，鼓励"优等人"生育并限制"劣等人"生育。

二是应避免跨越时代过度批判历史人物的思想局限。如今这个更为进步的时代为我们的思想染上了人人平等的底色，这不等同于我们是更好的思想者。相反，优生学的思想家们在其他科学领域的造诣无疑显示出了他们思想的深刻性。"无论何时，能算就算"的高尔顿通过寻找测量值之间的关系来探索自然的内在规律，发明了"相关性""回归"这些耳熟能详的统计学词汇。他培养出了皮尔逊等优秀的学生，可以算是今天我们津津乐道的"生物大数据"的鼻祖。而霍尔丹和穆勒的科学涉猎之广令人叹为观止，他们不但在同时代最伟大的科学家之列，而且也是热忧的共产主义者或社会主义者——他们不断追求光明美好的社会理想，甚至不惜远离故土。很多时候恰恰是这种纯粹的理想主义特质推动了这些科学家投身于当时的优生学。

最后，我必须感谢张硕同学在翻译过程中做出的巨大贡献，家人对我翻译工作的大力支持以及外研社的李鑫编辑对本书翻译过程的督促与校阅。本书涉及的人文知识面之广是我和张硕始料未及的，其中很多内容是我人生中（特别是高中文理分班后）首次听说。因此我还要感谢我的"文科生"同学和朋友——哈佛大学东亚系研究生程成、北京大学法学院副教授戴昕、清华同衡规划设计研究院人文与创意城市研究所副所长齐晓瑾——对全部或部分译稿的校读。他们指出了两个"理科生"在翻译人文社科内容时出现的明显错误。也许正如 C. P. 斯诺所说，科学文化与人文文化的割裂是世界范围内诸多问题的根源。回过头看，优生学的科学与社会政策交织的发展历史又何尝不是如此呢？

钱文峰

2020 年 7 月 5 日于北京

百科通识文库书目

历史系列：

艺术文化系列：

自然科学与心理学系列：

破解意识之谜   认识宇宙学

密码术的奥秘   达尔文与进化论

恐龙探秘   梦的新解

情感密码   弗洛伊德与精神分析

全球灾变与世界末日   时间简史

简析荣格   浅论精神病学

人类进化简史   走出黑暗——人类史前史探秘

政治、哲学与宗教系列：

动物权利   《圣经》纵览

释迦牟尼：从王子到佛陀   解读欧陆哲学

死海古卷概说   欧盟概览

存在主义简论   女权主义简史

《旧约》入门   《新约》入门

解读柏拉图   解读后现代主义

读懂莎士比亚   解读苏格拉底

世界贸易组织概览